AF244875

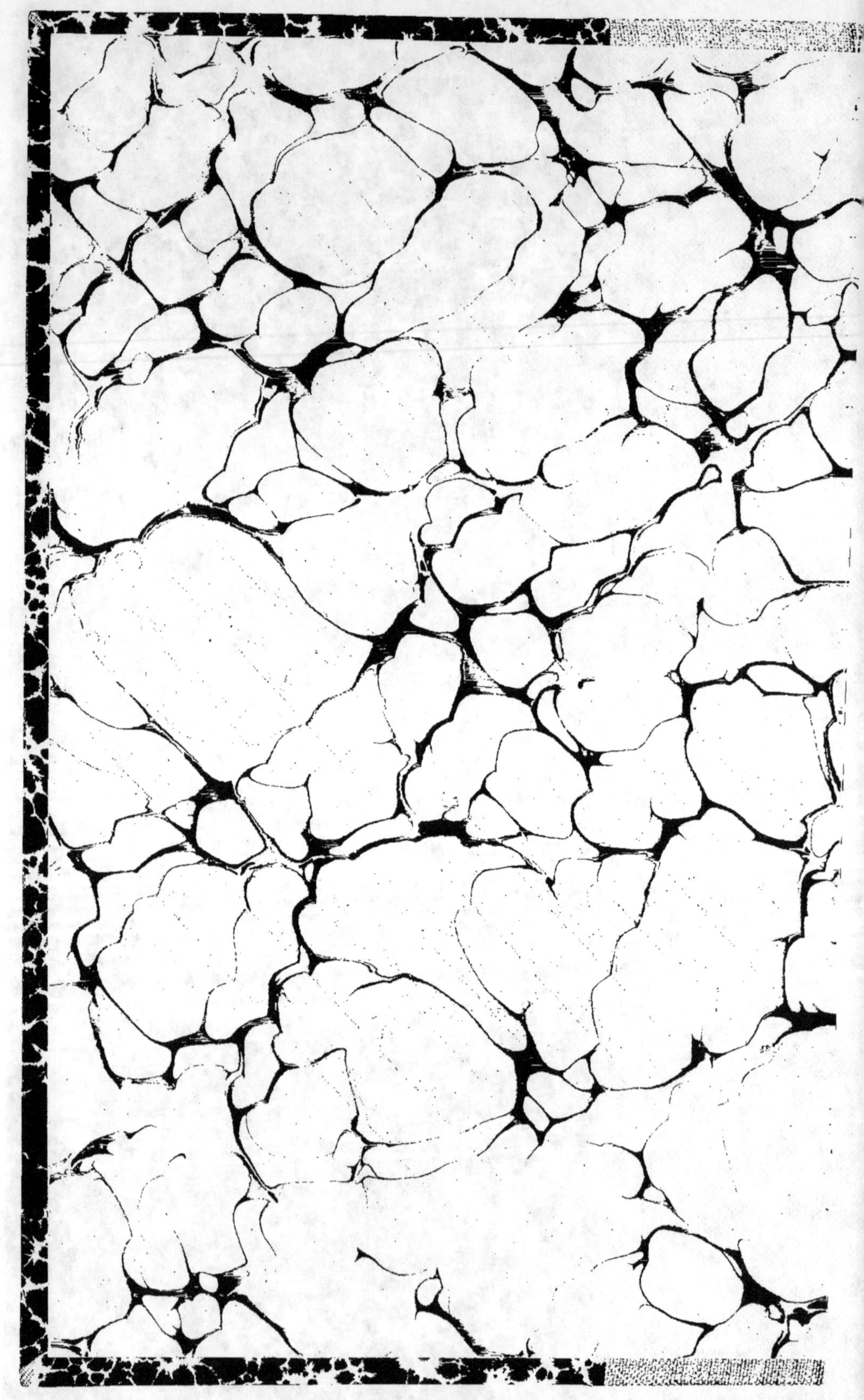

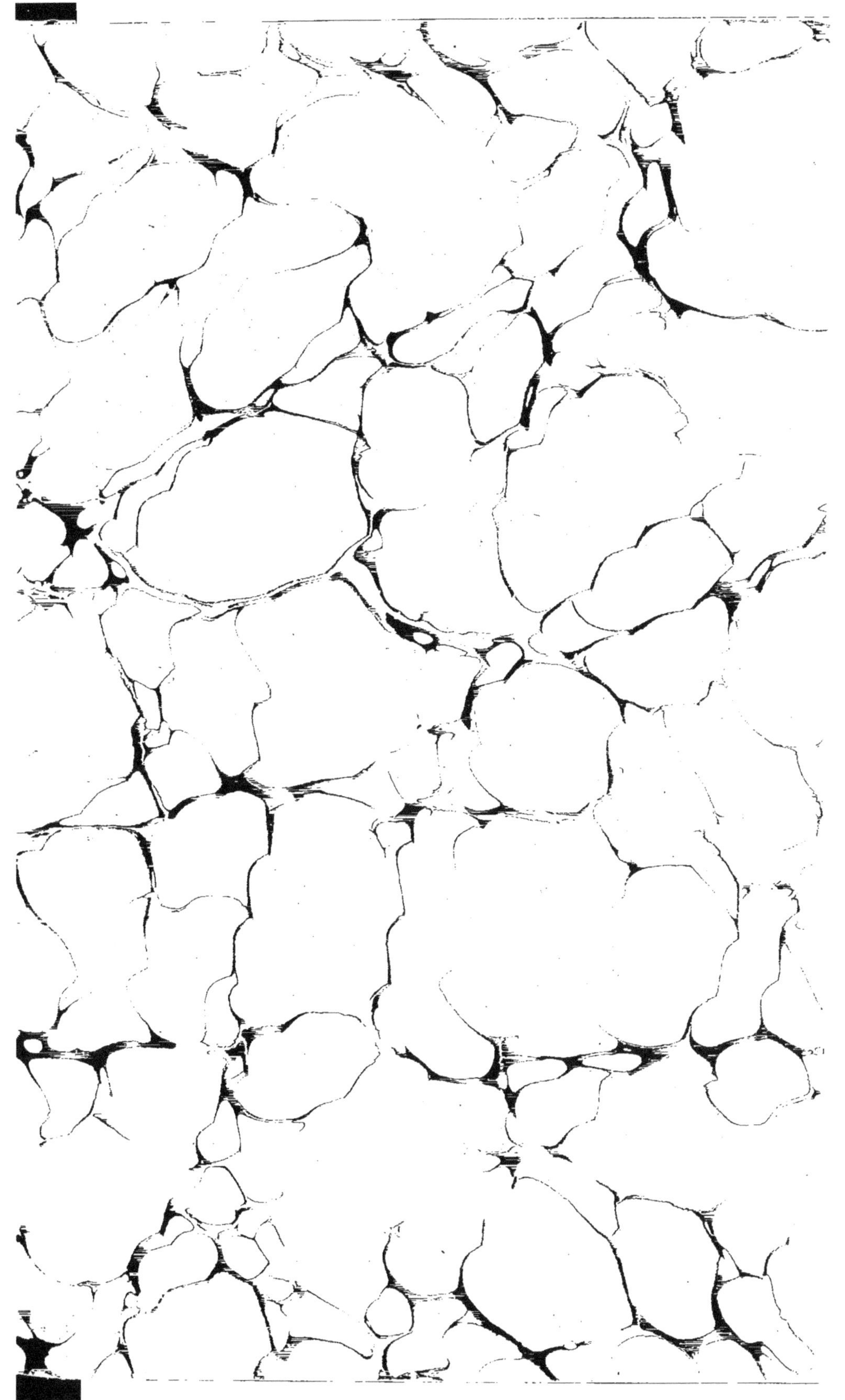

ANNALES

DE LA

SOCIÉTÉ LINNÉENNE

DE LYON

FAMILLE DES LATHRIDIENS

1re PARTIE

PAR LE

R. P. Fr. Marie-Joseph BELON

des Frères Prêcheurs

Membre de la Société entomologique de France, etc.

LYON

H. GEORG, LIBRAIRE-ÉDITEUR

65, RUE DE LYON, 65

MÊME MAISON A GENÈVE & A BALE

PARIS

J.-B. BAILLIÈRE ET FILS, ÉDITEURS

19, RUE HAUTEFEUILLE

HISTOIRE NATURELLE

DES

COLÉOPTÈRES

FAMILLE DES LATHRIDIENS

1re PARTIE

A Monsieur E. REVELIÈRE,

Membre de la Société Entomologique de France.

La science entomologique doit beaucoup à l'activité persévérante de vos recherches et à votre rare talent d'observation. A ce titre, votre nom est justement connu et estimé de tous ceux qui s'adonnent à l'étude des insectes.

Je n'apprendrai rien à vos amis, si j'ajoute que votre complaisance est inépuisable ; mais c'est un témoignage que je suis heureux de vous rendre publiquement pour vous affirmer ma reconnaissance.

Au milieu de difficultés de plus d'une sorte, mon travail sur les Lathridiens a pu se poursuivre, grâce à vos intéressantes communications, à vos généreuses libéralités et à vos précieux encouragements. Je remplis donc une obligation qui m'est bien douce, en vous dédiant ces pages et en vous priant de les agréer comme une faible marque de mon entier et cordial dévouement.

Fr. Marie-Joseph BELON
des FF. Prêch.
Membre de la Société Entomologique de France.

HISTOIRE NATURELLE

DES

COLÉOPTÈRES

DE FRANCE

Par E. MULSANT

Correspondant de l'Institut

Conservateur de la Bibliothèque de la Ville de Lyon, etc.

———

FAMILLE DES LATHRIDIENS

1re PARTIE

PAR LE

R. P. Fr. MARIE-JOSEPH BELON

des Frères Prêcheurs

Membre de la Société entomologique de France, etc.

———

LYON

IMPRIMERIE DE A. STORCK

Rue de l'Hôtel-de-Ville, 78

—

1881

HISTOIRE NATURELLE

DES

COLÉOPTÈRES DE FRANCE

PAR

E. MULSANT

Correspondant de l'Institut,
Conservateur de la Bibliothèque de la ville de Lyon, etc.

FAMILLE DES LATHRIDIENS

(1re partie)

PAR

le R. P. Fr. Marie-Joseph BELON
des Frères Prêcheurs
Membre de la Société entomologique de France.

Caractères. — *Corps* le plus souvent allongé ou oblong. *Mâchoires* à deux lobes. *Palpes* à dernier article conique ou subovale : les maxillaires de quatre articles ; les labiaux de trois, ou parfois de deux seulement. *Antennes* de 8 à 11 articles, le premier ou les 2 premiers ordinairement plus épais que les suivants, terminées par une massue variable. *Elytres* recouvrant l'abdomen, non raccourcies en arrière. *Ventre* offrant inférieurement 5, ou parfois 6 segments, tous mobiles, dont le premier est d'ordinaire plus long que les autres. *Hanches* antérieures globuleuses et enfoncées dans leurs cavités cotyloïdes complètement fermées en arrière, parfois cependant un peu coniques et assez saillantes ; les médianes globuleuses et enfoncées dans leurs cavités ; les postérieures semi-cylindriques, transverses, distantes. *Tarses* n'offrant tous que 3 articles simples ainsi que les crochets.

Obs. — Les Lathridiens sont des Clavicornes à tarses tous 3 — articulés ; mais il est facile de les séparer des autres groupes chez lesquels on peut rencontrer cette double structure. Ainsi, leurs élytres non raccourcies, recouvrant l'abdomen, ne permettent pas de les confondre avec les Psélaphides, les Clavigérides et les Staphylinides trimères. — Le dernier article de leurs palpes non sécuriforme, leurs articles

1

tarsaux entiers et leurs ongles toujours simples suffisent à les discer-
ner au premier coup d'œil des Coccinellides, qui sont sécuripalpes,
offrent des tarses à second article bilobé, et des ongles souvent dentés
ou même bifides. Les Endomychides (Sulcicolles Muls.), avec lesquels
nos premiers Lathridiens ont d'assez nombreuses affinités, soit par
leur aspect général, soit par la similitude morphologique de plusieurs
organes importants, si bien que M. Lucas avait cru devoir placer son
genre *Merophysia* dans leur voisinage, sont patellipèdes et cryptoté-
tramères, tandis qu'ici les tarses sont cylindriques, non dilatés (sauf
les antérieurs chez les ♂ de quelques espèces, et n'offrent aucun
nodule à la base du 3ᵉ article. — Quant aux Trichoptérygides, sans
recourir à la conformation tout-à-fait spéciale de leurs ailes infé-
rieures, ou à la présence d'un onychium qui n'existe pas d'ordinaire
chez les Lathridiens, on trouve dans les antennes capillariformes un
caractère facile à saisir qui les différencie nettement de tous les insectes de la famille actuelle, à l'exception pourtant du genre *Dasycerus*,
chez lequel ces organes ont une structure analogue, mais les côtes
saillantes du corselet rendront toute confusion impossible.

Il résulte également de cette diagnose qu'il faut éliminer, comme
étrangers aux Lathridiens, les quatre genres : *Monotoma*, Herbst;
Lyreus, Aubé; *Myrmecoxenus*, Chevrolat ; et *Mycetomychus*, Friwaldsky, qui n'offrent point la même organisation tarsale (1). Si le
système de Geoffroy a été rejeté avec raison parce qu'il conduisait à une
classification purement artificielle en s'appuyant exclusivement sur un
caractère dont on exagérait l'importance, ce serait tomber dans l'excès
opposé que de ne lui accorder aucune valeur, lorsqu'il s'agit de former
des groupes secondaires. Entre des insectes appartenant à la même
division, se ressemblant beaucoup par le faciès, ayant à peu près les
mêmes habitudes et le même genre de vie, la structure identique des
organes ambulatoires doit être considérée, jusqu'à preuve du contraire, comme l'indice d'une affinité naturelle. Tel est le principe qui
m'a conduit à rejeter de la famille actuelle pour les attribuer à d'autres
les quatre genres nommés ci-dessus.

(1) Il en est de même du genre *Erotylathris* Motsch. que le Catalogue de
Munich énumère à la suite des *Anommatus*. Ce genre est tétramère, et, de
l'aveu même de son auteur (Bull. de Moscou, 1866, III, p. 228) n'appartient
pas aux Lathridiens.

D'ailleurs, les *Monotoma*, que Motschulsky avait déjà signalés comme devant être éliminés, offrent dans leur physionomie générale et dans leurs détails anatomiques des particularités assez nombreuses pour mériter qu'on en fasse, après M. le docteur John Le Conte (Classification of the Coleopt. of north America — 1861, part. I, p. 85), le type d'une nouvelle famille, celle des *Monotomidae*, à laquelle appartiennent également plusieurs genres exotiques cités comme *Lathridiidae* par le Catalogue de Munich, savoir : *Phyconomus* Le C. (*Mimema* Woll.) ; *Nemophlœus* Le C. et *Hesperobœnus* Le C. (tous les deux synonymes d'*Europs* Woll.) ; *Bactridium* Le C. (*Crine*, Pascoe) ; et peut-être aussi *Platycephala*, Montrouzier. Ce dernier genre, que son auteur indique lui-même (Ann. Soc. Ent. Fr., 1861, p. 268) devoir être placé à côté des *Monotoma*, ne saurait en tout cas être considéré comme un Lathridien : ses tarses dimères, à premier article profondément bilobé, s'y opposent aussi bien que plusieurs autres détails de sa structure. Jacquelin Duval, ne voulant s'occuper dans son *Genera* que des Coléoptères européens, s'est contenté de rattacher les *Monotoma* aux Cucujides, chez lesquels ils forment néanmoins un groupe distinct ; mais un pareil classement n'est assurément point naturel, et ne peut plus être justifié dès qu'on étudie les exotiques.

Le genre *Lyreus* ne saurait non plus conserver la place que lui avait assignée son fondateur : il doit être reporté parmi les Colydiides, comme l'indiquaient ses tarses tous 4-articulés. Cette manière de voir a été déjà adoptée par M. Redtenbacher (Fauna Austr. III° éd., tom. II, p. 380), qui le range systématiquement entre les *Aglenus* et les *Bothrideres*.

Les *Myrmecoxenus* me paraissent plus difficiles à classer convenablement. Lacordaire déclare (Genera. II, p. 439, note) qu'il n'a pu parvenir à se former là-dessus une opinion arrêtée : aussi les range-t-il simplement comme genre *incertæ sedis* à la suite des Lathridiens ; mais ni la structure de leurs tarses, ni la longueur relative de leurs segments abdominaux ne permettent de leur reconnaître une affinité véritable avec cette famille. Motschulsky (Bull. de Moscou 1866, III, p. 227) les attribue à ses Silvanides. Faut-il, avec Redtenbacher, en faire des Mycétophagides, ou bien les considérer, avec Jacquelin Duval, comme des Mycétéides ? J'abandonne à de plus savants le soin de trancher cette question, sur laquelle je ne suis pas en mesure de me prononcer actuellement.

Enfin, le genre *Mycetomychus* a été établi par Friwaldsky (Ungar. Acad., 1865., 192) sur un insecte de Hongrie que Fuss avait décrit (Verh. Siebenb. Ver.-Hermanst. 1850, 128) sous le nom de *Corticaria macularis*.

D'après un type, étiqueté par Dejean lui-même et conservé dans la Collection Reiche aujourd'hui en ma possession, cet insecte n'est pas autre chose que le *Lathridius variegatus* du Catalogue Dejean qui était demeuré inconnu au comte de Mannerheim. Il représente en Europe la famille des Derodontides (Le Conte, loc. cit., p. 100), qui a sa place systématique entre les Cryptophagides et les Lathridiides. — Maintenant le genre *Mycetomychus* est-il, comme le supposait Motschulsky (Bull. de Moscou, 1866, III, p. 227), synonyme du genre *Derodontus* Le Conte, qui comprend deux espèces d'Amérique : l'une décrite par Melsheimer sous le nom de *Cryptophagus maculatus*, et l'autre par Mannerheim sous celui de *Corticaria trisignata* ; ou bien doit-on le conserver distinct ? L'étude comparative des types et une connaissance plus approfondie de ce nouveau groupe pourront seules nous l'apprendre.

Par contre, le genre *Anommatus* Wesmaël a été placé par Erichson et plusieurs auteurs dans les Colydiides à côté des *Aglenus*, avec lesquels il a en effet de très grands rapports ; mais ses tarses certainement tri-articulés, son abdomen à segments tous mobiles et ses hanches postérieures distantes démontrent la nécessité de l'adjoindre systématiquement aux Lathridiens.

ÉTUDE DES PARTIES EXTÉRIEURES DU CORPS

Le *corps*, généralement ovalaire plus ou moins allongé, devient parfois parallèle et même filiforme. On peut dire qu'il offre tous les degrés de convexité, depuis la courbe assez accentuée qui accompagne la forme ovale et paraît lui être proportionnée, jusqu'à la surface plane et sensiblement déprimée des espèces linéaires. La ponctuation et la pubescence, très distinctes chez un certain nombre, se montrent ailleurs plus ou moins obsolètes ou disparaissent complètement. . Plusieurs paraissent ciliés sur les côtés, lorsqu'on les soumet à un fort grossissement. Le dessus, mat ou luisant, rugeux ou lisse, est rarement pruineux ; mais, dans le genre *Metophthalmus*, il est partiellement revêtu ainsi que le dessous d'un enduit crétacé. Enfin la couleur passe par toutes les nuances, du testacé pâle qui caractérise les insectes hypogés au brun et au noir profond avec ou sans taches plus claires. Une seule espèce connue, la *Corticaria metallica* Reitter, d'Espagne, offre des teintes métalliques.

La *tête*, qu'elle soit peu engagée dans le corselet, ou bien qu'elle y soit enfoncée jusqu'aux yeux, est toujours bien visible en dessus et située horizontalement. Large et courte dans certains genres, elle prend ailleurs la forme d'un trapèze allongé. Rarement elle se resserre assez à la base pour qu'on puisse lui attribuer une espèce de cou.

Les *mandibules* peu développées, non saillantes, souvent même cachées par le labre, sont tantôt robustes en leur entier, tantôt cornées seulement à la base et peu consistantes au sommet, où elles se rétrécissent en pointe arquée, presque toujours bidenticulée au bord interne ; celui-ci est d'ordinaire muni d'une ou plusieurs dentelures avec une membrane ciliée ensuite.

Les mâchoires (1) ont deux lobes : l'externe, garni au sommet de poils ou de soies raides un peu courbes, plus ou moins denses et assez longues, se montre sous la forme d'une lanière, ici étroite et subparallèle, là élargie au moins vers l'extrémité, parfois courte, mais égalant ou dépassant toujours l'interne ; celui-ci souvent très petit, presque indistinct et représenté à peu près uniquement, en apparence du moins, par quelques soies raides et courbes qui en occupent le sommet, se développe dans certains autres genres où l'on peut constater la présence d'un double crochet corné sous le bouquet terminal de cils épineux, et alors le bord du lobe offre dans sa moitié supérieure une ou plusieurs spinules arquées diversement disposées. Chez les

(1) Je n'ai pas jugé à propos de me livrer à l'étude minutieuse des parties buccales ; toujours difficile chez des insectes d'aussi petite taille que les Lathridiens, elle l'est d'autant plus que très souvent le menton recouvre les parties buccales, et d'ailleurs elle n'aurait point d'utilité pratique C'est pourquoi, après avoir contrôlé sur quelques points seulement l'exactitude de leur description par Jacquelin Duval, j'ai cru ne pouvoir mieux faire que d'en emprunter à cet auteur les caractères essentiels.

Dasycerus enfin, il est à peine moins long que l'externe, mais beaucoup plus large, corné, dilaté au milieu en dedans, atténué vers le bout avec un espace oblong, assez grand, épaissi ou même redressé et revêtu d'espèces de crêtes obliques, peu saillantes, mais très serrées.

Les *palpes maxillaires* se composent de 4 articles : le premier est petit ou allongé, mais constamment plus étroit que les autres; le second et le troisième diffèrent peu de longueur et sont en général épais et assez fortement arrondis au dehors, parfois pyriformes ou obconiques; le quatrième, toujours plus long au moins que le précédent, souvent égal aux trois autres pris ensemble, est renflé à la base, subovale, oblong ou conique et plus ou moins atténué vers l'extrémité avec le sommet obtus ou obliquement tronqué et terminé par 2 ou 3 poils, dont un extrêmement long.

Les *palpes labiaux* varient quant au nombre et à la structure de leurs articles. Robustes pour la plupart, ils sont très courts, surtout chez les *Holoparamecus* où ils dépassent à peine la languette, mais ils s'allongent nettement chez les *Langelandia*. Dans les anciens genres *Lathridius* et *Corticaria* on compte deux articles seulement : le 1er très petit, caché presque en entier derrière le menton, ou découvert; le 2e gros, fortement renflé, globoso-ovalaire, un peu tronqué au sommet et muni en cet endroit de quelques poils fins assez longs, qui, par leur réunion en faisceau, peuvent offrir l'apparence d'un troisième article. Ceux des *Metophthalmus*, construits sur le même plan, présentent néanmoins un troisième article verruciforme, quoique difficile à distinguer. Les autres groupes ont normalement trois articles : le 1er est petit, étroit, peu visible ; le 2e au contraire est large, notablement épaissi au dehors et assez globuleux (1) ; le troisième enfin est tantôt plus court et plus étroit que le second, tantôt plus épais et de longueur égale à celle des deux autres réunis, conoïde ou ovale-oblong, plus ou moins atténué et obliquement tronqué à l'extrémité.

La *languette*, cornée en entier ou semi-membraneuse dans sa partie antérieure, affecte des formes assez diverses suivant les genres Souvent plus étroite que le menton, parfois cependant large et plus

---

(1) C'est l'inverse qui a lieu chez les *Dasycerus* : le 1er article y est épais, assez grand, avec le 2e plus petit, tandis que le 3e est environ aussi long que les deux précédents réunis, très étroit, grêle et subulé.

ou moins saillante, elle est chez les uns entière ou légèrement sinuée en avant, chez les autres fortement échancrée et se montrant à peine de chaque côté aux angles antérieurs, ou profondément divisée en deux lobes larges, très obtus et ciliés, qui débordent le menton surtout latéralement.

Les *paraglosses* sont cachées derrière la languette et semblent confondues avec elle.

Le *menton*, en carré-transverse, ou trapézoïdal et plus ou moins rétréci en avant, parfois même d'une manière brusque, est ici largement échancré avec ses angles antérieurs saillants, là, prolongé au milieu soit en une simple saillie dentiforme, soit en une espèce de lobe recouvrant partiellement au moins la languette, avec laquelle il paraît se confondre.

Le *labre*, généralement large et transverse, parfois plus développé et proéminent, souvent cilié au sommet, est largement émarginé en devant dans certains genres, entier au contraire avec les angles antérieurs plus ou moins arrondis dans les autres.

L'*épistome* est ordinairement distinct du front, soit par une différence de niveau, soit par une ligne transversale, droite ou semi-circulaire, tantôt faiblement, tantôt plus nettement imprimée. Il occupe par suite un espace plus ou moins allongé, et diversement configuré.

Le *front* présente une surface unie ou inégalement sculptée. Dans le premier cas, il est ponctué ou lisse ; dans le second, il est longitudinalement sillonné au milieu, ou bien orné de saillies plus ou moins caréniformes.

Les *antennes* méritent d'être étudiées avec soin, à cause des caractères de grande valeur que fournissent leur insertion, leur structure, le nombre et la proportion relative de leurs articles. Courtes et robustes dans plusieurs genres, elles s'allongent davantage ailleurs, sans toutefois dépasser la base du prothorax ou tout au plus le premier tiers des élytres ; les *Dasycerus* font seuls exception à cette règle, en les ayant très grêles et capillariformes, plus longues que la moitié du corps. Par rapport à leur point d'attache, elles sont latérales, c'est-à-dire insérées au côté de la tête sous un rebord plus ou moins tranché, ou frontales, c'est-à-dire insérées tout-à-fait à découvert aux

angles antérieurs du front. Le nombre de leurs articles varie suivant
les genres ou les espèces, parfois même suivant les sexes : tel est le
cas, par exemple, des *Holoparamecus*, où les ♀ présentent constamment 11 articles, tandis que les ♂ se partagent en 3 groupes qui en
ont respectivement 9, 10 ou 11. On peut y distinguer trois parties
principales : la base, le funicule et la massue. La base comprend les
deux premiers artic.es, tantôt courts, tantôt allongés, mais toujours
notablement plus épais que ceux qui les suivent immédiatement ;
toutefois le 2° qui parfois dépasse le 1er en longueur, n'est presque
jamais aussi renflé que lui. Le funicule commence au 3ᵉ article et
aboutit à la massue : il est plus grêle et filiforme dans son ensemble ;
considérés isolément, les articles sont subcylindriques ou obconiques,
ovales ou globuleux, allongés ou transverses, et leurs proportions
relatives sont très variables. La massue terminale offre aussi dans sa
composition des modifications notables : uni-articulée, elle est
grande, très nette, et subtriangulaire ou sécuriforme ; le plus ordinairement elle compte deux ou trois articles, dont la longueur,
l'épaisseur et la séparation soit entre eux, soit d'avec le funicule,
forment des combinaisons diverses qui peuvent être employées uti-
lement pour la détermination ; chez les *Dasycerus*, elle est exceptionnellement formée de quatre articles assez allongés, plus ou moins
globuleusement renflés au milieu ou à l'extrémité, munis chacun d'un
verticille médian de longs poils.

A l'aide du microscope, on constate l'existence d'une ou de plusieurs soies raides ou arquées qui paraissent situées suivant un ordre
déterminé sur chacun des articles antennaires, et parfois sont grou-
pées comme en bouquets, principalement à la surface tronquée ou
même excavée du dernier article de la massue. Celui-ci est surtout
curieux à étudier au point de vue histologique chez les *Colovocera*
et les *Merophysia*. Mais il suffit d'avoir indiqué ces détails qui n'au-
raient point ici d'utilité pratique.

Les *yeux*, nuls ou complètement indistincts chez les genres à vie
souterraine, représentés par une saillie ocelliforme sans granules ni
pigment chez plusieurs myrmécophiles, apparaissent pour ainsi dire
à l'état d'ébauche chez les *Merophysia* où ils sont composés de
quelques facettes seulement. Très petits chez les *Cartodere* et les

Metophthalmus, ils atteignent dans les autres genres les proportions ordinaires, et sont en général latéraux, arrondis et saillants. Parfois presque contigus au bord antérieur du corselet, ils en sont le plus souvent un peu éloignés ; mais cette distance varie suivant les divers groupes.

Les *joues* ne paraissent pas offrir de particularités qui méritent d'être signalées ; elles sont parfois creusées d'une sorte de scrobe assez large pour faciliter le jeu des deux premiers articles antennaires qui sont plus épais que les suivants.

Les *tempes* peuvent être plus ou moins prolongées en arrière des yeux. Le dessous est creusé de sillons antennaires bien distincts dans e genre *Langelandia*.

Le *prothorax* affecte les formes les plus disparates. Egal en largeur aux élytres, ou plus étroit qu'elles au moins à la base, il est, dans son ensemble, transverse, aussi long ou plus long que large, carré ou trapézoïdal, rétréci tantôt en devant tantôt en arrière, subcylindrique ou cordiforme. Les angles subissent par suite des modifications proportionnelles ; en outre, les antérieurs sont sujets à faire saillie en un lobe plus ou moins obtus ou acuminé. Le plus souvent le corselet est marginé sur les côtés. et alors la tranche latérale, à peu près droite ou nettement arrondie, crénelée ou même profondément sinuée-échancrée, se relève en carène très fine ou en bourrelet assez épais, parfois largement explané. Dans l'ancien genre *Corticaria* au contraire le bord supérieur ne paraît point ainsi distinctement séparé du bord inférieur, mais la plupart des espèces présentent en cet endroit une rangée plus ou moins serrée de denticulations. Le disque, rarement égal, est pour l'ordinaire très diversement sculpté : lisse, ponctuée, chagrinée ou rugueuse, nue ou pubescente, la surface est ici creusée d'une fossette allongée, ovale ou arrondie, tantôt basale et faisant face à l'écusson, tantôt médiane et se prolongeant sur la partie antérieure du pronotum ; là, relevée en côtes parallèles ou divergentes, interrompues ou accompagnées par plusieurs excavations ; ailleurs, la région anté-scutellaire offre une simple dépression transversale, deux courtes lignes imprimées longitudinales et un peu obliques, deux petites carènes perpendiculaires à la base, deux gros tubercules séparés par des fossettes, ou encore un système de sillons et de bos-

selures analogue à celui qu'on rencontre dans la famille des Sulcicolles.

Ajoutons, pour compléter les particularités relatives à cet organe,
que, chez plusieurs espèces de *Lathridius*, il existe sur les côtés une
sorte de membrane blanchâtre, dont la présence totale ou partielle,
et surtout la disparition complète, suivant l'état de fraîcheur des
exemplaires, peut donner au prothorax un aspect tout-à-fait différent,
et par suite amener des erreurs de détermination, si l'on voulait s'en
rapporter à ce caractère trop inconstant.

L'*écusson*, lorsqu'il existe, est d'ordinaire petit, transverse, tronqué ou curviligne ; quelquefois caché en partie sous la base du
corselet, il ne laisse apercevoir qu'une sorte de bande à sommet
arqué, large mais extrêmement courte. Dans un seul genre il est très
distinct, assez grand et en triangle arrondi. Il manque totalement
chez un certain nombre.

Les *élytres*, coupées droit ou à peu près à la base, recouvrent
totalement l'abdomen, soit qu'elles s'arrondissent régulièrement
ensemble à l'extrémité, ce qui a lieu le plus souvent, soit qu'elles se
terminent en pointe plus ou moins saillante, comme il arrive pour le
Lathridius lardarius, soit enfin que leur sommet se montre légèrement tronqué, par exemple dans le groupe de *Melanophthalma trun-
catella*. Elles sont libres ou soudées ; exceptionnellement elles em-
brassent et par suite rétrécissent un peu la page inférieure du corps.
La marge supérieure du repli latéral est souvent indistincte, lorsqu'on
les considère en dessus ; cependant elle se montre nettement dans
plusieurs genres sous la forme d'un bourrelet très étroit, parfois
assez saillant et relevé, ou même accompagné intérieurement d'une
large gouttière qui le fait ressortir davantage. Plus ou moins large
à la hauteur de l'épaule et tout le long du métasternum et du premier
segment ventral, ce repli se rétrécit peu à peu avec la courbure des
étuis ; il est d'ordinaire réduit à une tranche, en face du dernier
arceau de l'abdomen ; chez les *Langelandia*, il est à peu près d'égale
largeur sur toute son étendue. La configuration des élytres suit la
forme générale du corps, c'est-à-dire qu'elles sont, suivant les cas,
ovales, oblongues, linéaires, déprimées, convexes, parfois gibbeuses
et ventrues. Ici elles sont entièrement lisses et sans apparence de

stries, là on distingue une ligne imprimée juxta-suturale, ailleurs elles présentent seulement des points plus ou moins profonds sérialement disposés, d'autres fois elles sont marquées de stries, ponctuées ainsi que les interstries, ou recouvertes d'une ponctuation grossière et varioleuse, qui conserve néanmoins une certaine régularité ; enfin, dans un certain nombre d'espèces, elles sont ornées de côtes entières ou raccourcies, et même d'élévations tuberculeuses qui rendent la surface inégalement bosselée. Leur pubescence est tantôt nulle ou peu distincte, tantôt forte, assez longue, plus ou moins dense et couchée ; rarement elle forme quelques rangées régulières de soies raides se détachant nettement sur un fond glabre.

Les *ailes*, nulles ou rudimentaires lorsque les étuis sont soudés, sont bien développées dans la plupart des espèces de *Lathridius* et de *Corticaria* ; elles ont alors environ 2 fois la longueur des élytres, sous lesquelles elles se replient transversalement.

Le *dessous du corps*, dont l'étude est trop souvent négligée par les entomologistes, présente ici des particularités importantes qu'il est convenable d'utiliser pour la distinction des espèces ou pour la formation des groupes.

Le *prosternum*, raccourci ou émarginé dans plusieurs genres au devant des hanches antérieures, s'étend au contraire jusqu'au delà de celles-ci lorsqu'elles sont distantes. Alors il forme dans l'écartement une lame plus ou moins étroite, parfois un peu enfoncée, tantôt subparallèle, tantôt dilatée en arrière, ou bien une carène nette et saillante. Chez les *Langelandia* et les *Metophthalmus*, les propleures sont fortement creusées en sillon longitudinal sur leur moitié antérieure pour y loger la massue des antennes. Plusieurs *Corticaria* présentent, à peu près à la hauteur de la hanche, une impression sulciforme, transversale, légèrement oblique, ici obsolète et presque glabre, là profonde et garnie d'une pubescence plus ou moins dense.

Le *mésosternum*, toujours plus court que le segment suivant, quoique dans des proportions assez variables, est souvent orné sur la plaque médiane de deux fines carènes longitudinales, parallèles ou divergentes ; par exception, il est creusé en devant d'un sillon transversal chez les *Colovocera* ; dans un certain nombre d'espèces enfin, il paraît complètement uni, et il est impossible, même à un très fort grossissement, d'apercevoir les sutures des pièces épisternales.

Le *métasternum*, tronqué droit ou très obtusément émarginé en angle à la base, est généralement allongé, égalant le premier arceau ventral. Entièrement lisse, finement guilloché, ou diversement ponctué, il est le siège de plusieurs modifications caractéristiques : tantôt il présente de chaque côté, à la suite de la hanche intermédiaire, une sorte de fossette assez large, arrondie, dont le contour semble pour ainsi dire plissé ; tantôt il offre en outre une fossette de même nature au devant de la hanche postérieure. Dans un grand nombre d'espèces, il existe un sillon longitudinal qui s'avance de la base jusqu'à la moitié, parfois il est vrai à peine imprimé, ou seulement distinct par transparence sous la forme d'une ligne rembrunie, mais ailleurs plus ou moins largement excavé et donnant aux parties latérales une apparence bombée. Chez les *Merophysia*, un tubercule, sujet à s'oblitérer, vient se montrer au milieu, près de la base : c'est un indice du sexe mâle.

Les *épisternes du postpectus*, lorsqu'ils sont bien distincts, paraissent le plus souvent rétrécis d'avant en arrière ; ailleurs ils sont linéaires et couverts par une rangée longitudinale de gros points.

L'*abdomen* se compose de 5 ou 6 arceaux, tous mobiles, diversement ponctués ou lisses, glabres ou pubescents, unis ou grossièrement sillonnés en travers. Le 1er est le plus allongé, égalant et parfois dépassant les deux suivants réunis. Il s'avance ordinairement entre les hanches postérieures en lame assez large, ogivale ou arrondie, parfois plus ou moins concave dans l'un des sexes. Chez plusieurs espèces d'*Enicmus* et de *Melanophthalma*, on y distingue une ligne longitudinale un peu oblique qui part de l'angle interne des hanches et atteint au moins les 3/4 de l'arceau. Les 2e, 3e, et 4e segments sont notablement plus courts, et à peu près égaux entre eux. Le 5e est assez généralement plus long que le précédent, mais il se rapproche rarement de la longueur du premier. Il offre parfois, sur son milieu apical, suivant les sexes ou les espèces, une fossette arrondie plus ou moins large. Le 6e segment, lorsqu'il existe, comme dans les deux sexes du genre *Melanophthalma* et dans les ♂ de plusieurs autres, est très petit et même difficile à distinguer sous la pubescence qui est généralement un peu plus fournie en cet endroit.

Les *hanches* antérieures, tantôt globuleuses et enfoncées dans leurs cavités cotyloïdes qui sont complètement fermées en arrière, tantôt un peu coniques et même assez saillantes, sont plus ou moins séparées par le prosternum, ou simplement rapprochées; dans tous les cas, leur écartement est moindre que celui des hanches médianes.

— Celles-ci sont toujours distantes, globuleuses et enfoncées dans leurs cavités cotyloïdes. — Les hanches postérieures sont semi-cylindriques, transverses et constamment écartées d'une manière notable, bien que parfois cet écartement ne dépasse pas celui des hanches intermédiaires entre elles.

Les *cuisses* en massue ou subclaviformes chez un grand nombre d'espèces sont plus ou moins courtes et robustes, parfois à peine dilatées au milieu, ou encore grêles à la base et renflées à l'extrémité.

Les *tibias* généralement assez grêles et simples en dehors, allongés et plus ou moins fortement recourbés en arrière dans plusieurs genres, souvent aussi tronqués obliquement au sommet, se font remarquer chez les *Anommatus* par leur dilatation apicale et par la présence de spinules qui garnissent l'extrémité de leur arête extérieure. Tantôt les épines terminales sont nulles ou indistinctes; tantôt au contraire, comme chez les *Langelandia*, on constate l'existence des éperons accoutumés. Un certain nombre d'espèces fournissent en outre dans la conformation de ces organes des caractères sexuels très apparents. Tandis que les tibias des ♀ sont simples, ceux des ♂ se distinguent soit par une sinuosité plus ou moins marquée au côté interne des antérieurs (quelques *Corticaria*), soit par des échancrures profondes diversement situées au dedans de ces mêmes tibias (*Merophysia* et plusieurs *Melanophthalma*), soit par une entaille apicale aux postérieurs (*Lathridius nodifer*).

Tous les *tarses* sont trimères, plus ou moins étroits et subcylindriques, munis ordinairement de soies fines et assez longues en dessous, et terminés par deux crochets simples. Le dernier article n'offre pas de nodule distinct à la base; il est toujours aussi long ou plus long que les deux premiers pris ensemble. Ceux-ci, au contraire, offrent entre eux des proportions différentes : courts et subégaux dans plusieurs genres, ils s'allongent un peu dans les autres, de telle sorte que le premier l'emporte sur le second ou réciproquement. Une dilatation sensible de ces deux mêmes articles ou du premier seu-

lement aux tarses antérieurs caractérise les ♂ de certaines espèces.
Par une singularité remarquable, le dernier article des mêmes tarses
est armé en dessous d'une dent épineuse, et fournit ainsi un signe
distinctif du ♂ chez *Melanophthalma distinguenda*.

MŒURS ET VIE ÉVOLUTIVE

Comme tous les insectes que l'exiguité de leur taille dérobe aisément aux regards, les Lathridiens sont généralement peu connus, et
surtout pauvrement représentés dans un grand nombre de collections. Si le Créateur leur a donné une robe modeste et passant seulement par les différentes nuances du testacé clair au brun et au noir,
il ne leur manque pourtant rien de ce qui peut appeler l'attention
d'un véritable entomologiste : la vie et les habitudes des larves, leurs
mœurs à l'état parfait offrent à l'observateur un vaste champ
d'études intéressantes, en même temps que la curieuse variété des
formes et la présence de caractères assez tranchés permettent d'assi-
gner à ces êtres minuscules leur place dans la classification générale,
d'apprécier leur valeur spécifique et souvent même de reconnaître
leur sexe sans recourir à l'examen anatomique des organes internes.
Ici encore, à mesure qu'on pénètre plus avant dans les arcanes de la
nature microscopique, on comprend mieux la vérité si hautement
proclamée par l'immortel Linné : Dieu est souverainement admirable
dans les infiniment petits ! et on s'écrie avec le spirituel évêque
d'Hippone, exprimant la même pensée sous une forme aussi pitto-
resque que difficile à traduire : *Magnus in magnis, maximus in
minimis !* Cependant, il faut l'avouer, l'observation des premiers
états de ces insectes a été plus négligée encore que l'étude de
leurs espèces à l'état parfait ; aussi ne sait-on que fort peu de chose
sur leur ponte, leurs larves et leurs métamorphoses. Un coin du
voile qui recouvre cette mystérieuse période de leur existence a
néanmoins été soulevé par De Geer. Cet habile observateur, en publiant la diagnose du *Lathridius lardarius* (Mém. Ins. V, p. 45, pl.
2, f. 25-31), annonça qu'il en avait trouvé la larve sur une vessie de
porc desséchée, et en donna une description reproduite plus tard
par Westwood (Introd. 1839. I, p. 155, fig. 13).

En 1817, Kyber fit connaître dans le second volume du Magasin entomologique de Germar (p. 1) les premiers états du *L. porcatus* Herbst (= *minutus* L.). Aucune autre découverte de ce genre n'étant venue enrichir la science, Mannerheim dut se borner à citer quelques extraits de ce mémoire dans l'introduction de sa Monographie *Zeitschr. für die Entomol.* (V, 1844, p. 9.)

De nouvelles observations sur la même espèce de *Lathridius*, auxquelles s'ajoutait l'histoire des métamorphoses de la *Corticaria pubescens*, furent publiées en 1852 dans les Annales de la Société entomologique de France par M. Ed. Perris. Peu de jours avant sa mort, notre regretté collègue, dont tous les amis de la science déploreront longtemps la perte, put mettre la dernière main à un grand ouvrage (Larves de Coléoptères), auquel la Société entomologique a justement décerné le prix Dollfus pour 1878. Il y faisait connaître (p. 77 et suiv.) deux larves et leurs nymphes appartenant à la famille des Lathridiens, celles de la *Langelandia anophthalma* et de la *Corticaria gibbosa.*

Ajoutons l'intéressant mémoire imprimé dans les Annales de 1874 (p. 427) où M. Thévenet donne l'histoire des métamorphoses de la *Corticaria Pharaonis* Motsch., et la description trop brève de la larve de l'*Holoparamecus Kunzei*, publiée plus anciennement dans le même recueil (1848, p. 181-182, pl. 7 n° IV, fig. 5 a-d) par M. Coquerel, et nous aurons tout ou à peu près tout ce que l'on sait jusqu'à ce jour sur les premiers états de nos insectes.

La plupart des questions relatives à la ponte des Lathridiens sont demeurées sans réponse : il est en effet extrêmement difficile de se rendre un compte exact des manœuvres employées par la femelle pour accomplir cet acte important et assurer l'avenir de sa progéniture. On ne pourrait venir à bout de surprendre ces minutieux secrets qu'à l'aide d'une forte loupe, les œufs n'étant généralement pas visibles à l'œil nu. Kyber, qui en a examiné quelques-uns, nous apprend seulement qu'ils sont blancs et de forme elliptique, mais il ne nous fournit aucun renseignement sur les circonstances qui accompagnent leur expulsion, ni sur leur quantité relative, ni sur leur disposition locale, ni enfin sur le temps qui s'écoule avant leur éclosion.

Quoi qu'il en soit de ces problèmes intéressants qui attendent leur solution, on peut dès maintenant résumer les caractères principaux des larves, d'après l'ensemble des travaux mentionnés ci-dessus.

De couleur plus ou moins blanchâtre, elles sont généralement allongées-ovales, ou elliptico-linéaires, plus ou moins ornées de poils affectant diverses formes ou diverses dispositions selon les genres (paraissant glabres dans l'espèce d'*Holoparamecus* brièvement décrite par Coquerel), hexapodes, composées de douze segments (les trois thoraciques beaucoup plus grands que les autres), avec un mamelon anal servant de pseudopode pour la progression. Elles offrent neuf paires de stigmates : la première paire sous le bord antérieur du mésothorax, et les autres près du bord antérieur des huit premiers segments abdominaux. Les antennes sont de quatre articles non rétractiles et assez allongés chez les *Langelandia*, mais elles paraissent de trois articles seulement chez les *Lathridius* et les *Corticaria*, par suite de la rétractilité du premier article. Les mandibules sont représentées par deux corps charnus bifides à l'extrémité et portant chacun trois cils. Les palpes maxillaires, allongés, sont de trois articles ; les labiaux au contraire très peu développés n'en ont que deux. Chez les *Lathridius* et les *Corticaria* on distingue de chaque côté de la tête quatre au cinq ocelles, qui n'existent pas chez les *Langelandia*.

Leur démarche paraît assez agile ; lorsqu'elles se trouvent sur le dos, elles réussissent promptement à opérer leur rétroversion. Si on les touche, elles se contractent d'abord un peu, mais bientôt elles se détendent et continuent d'avancer.

La structure des organes buccaux, du moins chez les larves de *Lathridius* et de *Corticaria* ne permet pas de croire qu'elles se nourrissent de bois ou de proies vivantes ; d'ailleurs, à en juger d'après leur habitat ordinaire, il est plus naturel de supposer qu'elles s'attaquent seulement aux moisissures qui se forment sur les substances animales ou végétales. Quant aux larves des *Langelandia*, M. Ed. Perris incline, sans toutefois se prononcer, à les regarder comme des vidangeuses, s'appropriant les déjections d'autres larves xylophages, et devenant à l'occasion, souvent peut-être, carnassières aux dépens de podurelles microscopiques au milieu desquelles on les rencontre.

Pendant l'espace de quatre à six semaines que dure leur vie évo-

lutive, c'est-à-dire de mars à mai, elles changent plusieurs fois de peau ;
la dernière mue se produit lorsqu'elles sont sur le point de se trans-
former en nymphes. Alors elles se fixent par le mamelon anal au plan
de position, et leur peau chiffonnée invagine l'extrémité postérieure
de l'abdomen, dont le dernier segment est bilobé ou terminé par deux
appendices coniques. La nymphe blanchâtre présente les diverses
parties du corps disposées à l'ordinaire. Les caractères qui lui sont
propres consistent principalement dans la forme ou la situation res-
pective des poils dont elle est munie sur le front, au pourtour et sur
le dos du prothorax, à la face dorsale et aux angles latéraux des segments de l'abdomen, ainsi qu'aux genoux. Cet état dure, suivant les
espèces, de dix à quinze jours.

A l'état parfait, les Lathridiens se rencontrent à peu près partout où
l'humidité a favorisé le développement de la moisissure ou d'autres
productions cryptogamiques. Les détritus végétaux accumulés au pied
de certaines plantes, les tas de foins fraîchement coupés, les écorces à
demi pourries des pieux enfoncés dans le sol, les bolets amadouviers
dans lesquels se sont déjà développées des larves d'autres tribus,
l'embrasure des fenêtres de nos maisons, la surface inférieure des
pierres ou des poutres qui ont séjourné quelque temps et légèrement
pénétré dans la terre humide, voire même la semelle de chaussures
abandonnées à l'action de la pluie, sont les localités que l'entomologiste doit visiter avec soin, s'il veut capturer la plupart des espèces
de cette famille.

Cependant quelques-uns de ces insectes, surtout les *Colovocera*
et les *Merophysia*, sont myrmécophiles, et il faut les rechercher exclusivement dans la société des fourmis, principalement du genre *Atta*,
ou bien dans les galeries souterraines de fourmilières abandonnées.
D'autres habitent les nids de guêpes.

Quelles mystérieuses relations les rattachent à ces hyménoptères
ou à leurs demeures ? Quel rôle sont-ils appelés à jouer dans ces con-
ditions d'existence ? La tranquillité de leurs allures, au milieu même
de nombreuses colonies, la conduite entièrement pacifique des fourmis
à leur égard, ne permettent guère de supposer en eux des instincts
d'hostilité. Mais doit-on les regarder comme des hôtes indifférents,
destinés par la Providence à vivre côte à côte avec les fourmis, sans

leur porter ni en recevoir aucun préjudice ; ou bien faut-il les ranger dans la catégorie des amis utiles fournissant plus ou moins spontanément à leurs gourmands voisins quelques friandises inconnues, semblables à celles que secrètent les *Claviger*, les *Myrmedonia*, et autres myrmécophiles ? Malgré les occasions assez fréquentes que j'ai eues, pendant un long séjour en Corse, d'observer des Mérophysiaires, il m'a été impossible de constater aucun fait qui fut de nature à m'apporter la solution de ce problème. Espérons que, dans un avenir plus ou moins prochain, un entomologiste plus habile ou plus heureux nous dévoilera ce secret.

J'aurais voulu, en terminant ce chapitre, donner un aperçu général sur la répartition géographique des Lathridiens, mais il serait prématuré d'en parler longuement dans l'état actuel de nos connaissances. Aux documents fournis par le comte Mannerhein sont venus sans doute s'ajouter un grand nombre de renseignements épars çà et là dans les Bulletins des Sociétés entomologiques. Malgré les recherches que j'ai faites dans le but de les recueillir, je ne crois pas posséder sur ce sujet des données suffisamment exactes et complètes pour qu'il soit possible de faire un travail d'ensemble. Je me bornerai à noter à la suite de chaque espèce ce que je sais sur son habitat et sa diffusion géographique, comme préparation et point de départ de recherches ultérieures. Je mentionnerai seulement ici que les deux tiers environ des espèces décrites jusqu'à ce jour appartiennent à la faune d'Europe et des contrées limitrophes en Asie et en Afrique, et que les genres *Colovocera* et *Merophysia* paraissent propres aux régions méridionales et circaméditerranéennes.

Toutefois il est un fait que je ne puis passer sous silence, c'est la tendance très marquée de certaines espèces au cosmopolitisme. Transportées par les vaisseaux de commerce, elles s'acclimatent aisément dans des lieux très divers, s'y multiplient avec rapidité et se répandent ensuite au loin de telle sorte qu'il devient bientôt difficile de préciser leur véritable patrie. Ainsi en est-il advenu par exemple de l'*Holoparamecus Kunzei* et du *Lathridius nodifer*. Le premier, rencontré par Kunze dans des champignons venant du Brésil, puis par M. Reiche dans une boîte d'insectes du Sénégal, enfin par Coquerel à l'île Bourbon, est aujourd'hui abondant en Corse et dans le midi de la France. Le second, décrit sur un individu de Nouvelle-Hollande, et, d'après Erichson, originaire aussi de la Nouvelle-Zélande, s'est naturalisé en Angleterre d'où j'en ai reçu plusieurs échantillons, et, bien que Jacquelin Duval le place dans son catalogue parmi les espèces douteuses, il paraît commun non seulement sur nos côtes (Normandie, Bretagne et Landes), mais à Paris et jusqu'à Lyon où, durant ces dernières années, on le prenait en nombre ; j'en possède également des individus recueillis aux Açores et au Sénégal, et il est probable qu'il s'est propagé ailleurs. Ces faits et autres de même nature pouvant servir à compléter l'histoire des mœurs, je devais les signaler.

HISTORIQUE DE LA SCIENCE

Linné semble n'avoir connu que deux espèces de Lathridiides : dans son *Systema naturæ* (Ed. x, 1758.) il range l'une *Lathridius minutus* dans le genre *Tenebrio*, et l'autre *Corticaria fenestralis* dans le genre *Dermestes*.

Une troisième fut décrite par De Géer (1752) sous le nom de *Tenebrio lardarius*.

Jusqu'aux dernières années du xviii° siècle, les auteurs en publièrent un très petit nombre d'autres qui furent attribuées aux *Dermestes* par Fabricius, Paykull et Panzer, tandis qu'Olivier les plaçait parmi ses *Ips*.

A cette époque (1793), Herbst fonde le genre *Lathridius* ; c'était le premier pas fait dans une voie qui devait aboutir un jour à la création de la famille actuelle.

En 1799, Brongniart fait connaître le genre *Dasycerus*.

Peu après (1802), Marsham établit, sous le nom de *Corticaria*, une nouvelle coupe qui paraît n'avoir pas obtenu de suite son droit de cité, puisque, vingt-cinq ans plus tard, Gyllenhal, tout en admettant deux groupes de *Lathridius*, ne leur assigne encore qu'une seule dénomination générique.

Bientôt des publications, consacrées à la révision de faunes locales, attirèrent sur ces insectes l'attention des entomologistes : Stephens (Illustr. of Brit. Entomol., 1830) fait connaître les espèces anglaises; de son côté, Westerhauser (1834) passe en revue les Lathridiens des environs de Munich, et, l'année suivante, la Revue entomologique de

Silberman donne la traduction de ce travail peu important du reste, puisqu'il n'ajoute que le *L. umbilicatus* Beck aux espèces décrites dans la Fauna Suecica de Gyllenhal.

Cependant les intéressantes découvertes faites dans des contrées jusqu'alors inexplorées fournirent au comte Mannerheim des matériaux précieux; il sut les mettre à profit en publiant dans le v° volume du *Zeitschrift für die Entomologie*, de Germar (1844) un opuscule de 112 pages, auquel il donna pour titre : Essai d'exposition monographique des Coléoptères appartenant aux genres *Corticaria* et *Lathridius*. Il ne s'occupe en effet que de ces deux genres, dont les mœurs et la manière de vivre justifieraient, dit-il (loc. cit. p. 8), l'érection en une famille propre.

Curtis avait eu la même pensée, lorsque, plusieurs années auparavant, il les séparait et en formait un groupe spécial sous le nom de *Corticaridae*. Mais cette nécessité n'est pas dès lors admise par tous les entomologistes, et les différents éléments, que leurs affinités mieux comprises devront faire entrer dans la composition des *Lathrididae*, restent encore pour un temps éloignés les uns des autres et placés plus ou moins convenablement dans la classification.

Au début du XIX° siècle, Latreille avait rangé ces insectes parmi les Xylophages, dans sa division des Tétramères. C'était une erreur au point de vue du système tarsal. Gyllenhal la signala, et dut en conséquence faire rentrer les *Lathridius* dans la section des Trimères, où il les place avant les Coccinellides.

Bientôt (1830) Stephens, et après lui Wilson et Duncan (1834), forme avec les familles des Scaphidides, Silphides, Nitidulides, Engides et Dermestides la sous-section des Nécrophages Rhypophages. C'est aux Engides qu'il rapporte les genres *Corticaria* et *Lathridius*.

Mais en 1839, il subdivise cette famille en trois autres : Mycétophagides, Erotylides et Engides proprement dits; la première renferme les *Holoparamecus*, *Lathridius* et *Corticaria*, tandis que la troisième accueille les *Anommatus*.

La même année, Westwood place les *Lathridius* dans sa famille des Mycétophagides et y introduit le genre *Dasycerus*.

De son côté, Shuckard les assigne à la 1ʳᵉ tribu (*clavicornia*) desa 3° sous-division (*Helocera*); il y rassemble dans la famille des Engides

les genres *Corticaria, Holoparamecus, Anommatus* et *Lathridius ;*
mais ce dernier a sa place parmi les Cucujides, dans le voisinage des
Trogositides, et se trouve par là même trop éloigné des *Corticaria,*
que l'auteur a rapprochées des Cryptophagides.

Erichson admettait une famille des Lathridiens, mais il n'a point
fait connaître comment il entendait la composer ; il est probable
qu'il l'eût rangée près des Endomychides, Clypéastres et Coccinellides.

Après tous ces tâtonnements, viennent les œuvres magistrales de
Lacordaire et de Jacquelin Duval. Le premier établit dans son Genera
(II, p. 430 et suiv. 1854) sa famille xxii° des Lathridiens entre
les Cryptophagides et les Mycétophagides, placement qui paraît con-
firmé par l'étude des larves. La formule des caractères est à peu près
identique à celle qui a été adopté plus tard par Jacquelin Duval ; et
pourtant il n'y fait pas rentrer le genre *Anommatus*, qu'il laisse
parmi les Colydiides, comme si ces insectes avaient quatre articles à
tous les tarses et le dernier ou les deux derniers segments de l'abdomen seuls mobiles. Cette double erreur, dans laquelle Erichson lui-
même était tombé, fut signalée par Jacquelin Duval, qui, tout en reconnaissant une grande analogie de forme et de faciès entre les
Anommatus et les *Aglenus*, n'hésite pas à les séparer, laisse les
seconds chez les Colydiides dont ils ont la structure essentielle et
reporte les premiers dans sa famille des Lathridiides, où se trouve
assurément leur place véritable, ainsi que celle des genres *Colovocera*
et *Merophysia*, omis par Lacordaire. Il y a encore divergence d'opi-
nions entre les deux auteurs sur la classification des *Monotoma :*
Lacordaire se range à l'avis d'Erichson qui leur donne trois articles à
tous les tarses ; mais Jacquelin Duval, après un examen attentif, a
constaté que ces insectes ont une conformation tarsale similaire à
celle des Cucujides.

Comme le Genera des Coléoptères d'Europe est entre les mains de
tous les entomologistes, il est superflu de reproduire le tableau
synoptique qu'il trace des Lathridiens. Je me permettrai seulement
de remarquer que, s'il rend très facile la détermination des genres, il
n'en donne qu'une classification trop artificielle, puisque sa division
primaire est basée sur la présence ou l'absence des yeux.

Désormais, la famille des Lathrididae est à peu près définitivement

constituée. Cependant, M. C. G. Thomson commençait en 1859 la
publication de ses *Coléoptères de Scandinavie* exposés en tableaux
synoptiques. Laissant de côté les Mérophysiaires qui ne se rencontrent point dans la faune boréale, il s'occupe seulement de nos
Lathridiaires et de nos Corticariaires, et il les répartit en un certain
nombre de genres nouveaux. Relativement à la classification générale,
il place la famille actuelle à côté des Cryptophagides, que suivent les
Engides, les Endomychides et les Mycétophagides, dans sa IX° série,
à laquelle il donne le nom de *Fungicoles* (tom. I, pag. 92.) Il regarde
les *Monotoma* comme ayant les tarses tri-articulés, et il les comprend
par suite parmi les Lathridides, où ils forment néanmoins une tribu
séparée.

Voici le tableau qu'il adopte (tom. X, pag. 52-53) pour les grou-
pements génériques :

A *Corps* glabre en dessus ; les élytres très rarement
   hérissées de soies. *Elytres* recouvrant le pygidium.
   Hanches antérieures subdistantes.

 a. *Prothorax* muni sur le disque de deux carènes distinctes, beaucoup plus étroit que les élytres.
   Celles-ci offrant un tubercule huméral distinct.

  b. *Tête* ayant les tempes petites, et les yeux presque
    contigus aux angles prothoraciques. *Antennes* à
    2° article peu renflé ; la massue est 3-articulée.
    1er article des tarses postérieurs plus court que
    le 2°. . . . . LATHRIDIUS.

  bb. *Tête* ayant les tempes grandes, et les yeux assez
    éloignés des angles prothoraciques. *Antennes* à
    2° article renflé, beaucoup plus large que le funi-
    cule. *Prothorax* cordiforme oblong, avec les côtés
    étranglés avant la base et remplis d'une mem-
    brane. . . . . CONINOMUS.

 aa. *Prothorax* sans carènes dorsales.

  c. *Antennes* insérées assez loin au-devant des yeux, qui
    sont petits. *Hanches* postérieures très-largement
    distantes. . . . . CARTODERE.

  cc. *Antennes* insérées à une courte distance en devant
    des yeux, qui sont plus grands et granulés.

  d. *Prosternum* sans crête entre les hanches antérieures. *Élytres* à 8e intervalle large, luisant. .   CONITHASSA.

dd. *Prosternum* relevé en crête entre les hanches anté-
      rieures. *Elytres* à intervalles non carénés.   .   .   ENICMUS.

B   *Corps* pubescent. *Prothorax* crénelé ou denticulé
      sur les côtés ; une fossette imprimée à la base.
      Hanches antérieures contigües. .   .   .   .   .   CORTICARIA.

Dans un travail remarquable sur la classification des coléoptères de
l'Amérique du Nord (Washington, 1861), le docteur John Le Conte
se prononce, comme je l'ai exposé plus haut, sur les éléments constitutifs de la famille actuelle, et adopte, pour les genres qui font partie
de sa région faunique, le groupement suivant :

A   *Antennes* à massue distincte de 2 articles ; palpes
         labiaux de 3 articles .   .   .   .   HOLOPARAMECUS.

AA   Articles externes des antennes dilatés ; palpes la-
         biaux de 2 articles.

B   *Antennes* graduellement épaissies, derniers articles
         indistincts ; corselet large.   .   .   .   .   .   .   BONVOULOIRIA.

BB   *Antennes* de 11 articles, à massue de 3 ; corselet
         plus étroit que les élytres.

  C   *Corselet* fortement marginé ; 2e article des tarses pas
         plus court que le 1er .   .   .   .   LATHRIDIUS.

  CC *Corselet* non marginé ; 2e article des tarses plus
         court que le 1er.   .   .   .   .   CORTICARIA.

Quelques années plus tard, M. de Motschulsky, qui ne paraît point
avoir eu connaissance alors du travail commencé par M. Thomson
sur la Faune entomologique de Scandinavie, publie dans le Bulletin
de Moscou l'*Enumération des espèces de Coléoptères rapportées de
ses voyages*, et, à cette occasion, entreprend sur le groupe qui nous
occupe (1866, III, pag. 225 et suiv. ; — 1867, I, pag. 39 et suiv.) une
compilation, qu'on pourrait presque considérer comme une monographie. En effet, après l'exposé des caractères de la famille, il en discute
les éléments constitutifs, lui assigne sa place dans l'ordre systématique à côté des Trichoptiliens avec lesquels les *Corticaria* ont beaucoup d'analogie par le faciès et par leurs tarses triarticulés, donne un
tableau des genres, et enfin reproduit les diagnoses originales des
auteurs, parmi lesquelles il intercale les descriptions des espèces

nouvelles. Néanmoins, il faut l'avouer, bien qu'il possédât à un très haut degré le coup d'œil perspicace de l'observateur saisissant les moindres détails de l'organisation d'un insecte avec ses affinités et ses dissemblances, cet auteur s'est souvent trompé sur la valeur générique ou spécifique de certains caractères, et les formules qu'il emploie sont ordinairement insuffisantes pour reconnaître l'objet en nature. Aussi l'étude des genres et des espèces qu'il a créés est fort malaisée, et ne peut guère conduire à une parfaite certitude qu'avec le secours des types.

Suivant M. de Motschulsky, les anciens genres *Holoparamecus*, *Lathridius* et *Corticaria* appartiennent seuls à la famille actuelle. Les *Langelandia* et les *Dasycerus* ne peuvent y rester : ces derniers, à cause de leurs antennes capillaires, seraient mieux placés à la fin de la tribu des Trichoptiliens ; et les premiers diffèrent par des caractères nombreux qui semblent mériter qu'on en fasse une tribu spéciale (1).

Je transcris ici son tableau synoptique des genres, réduit à ceux qui ont des représentants dans la Faune française.

A　　　*Elytres* soudées ; *corselet* dilaté, arqué en avant, avec des carènes transversales ; *antennes* composées de 10, leur massue de 2 articles, *corps* convexe. . . . . METOPHTHALMUS.

AA　　*Elytres* libres.

B　　　*Massue* des antennes composée de 3 articles.

C　　　*Surface* du corps glabre ou à peine pubescente.

D　　　*Elytres* convexes, atténuées en arrière ; *corselet* quadrangulaire assez étroit avec des carènes longitudinales sur le dessus. . . . . . . LATHRIDIUS.

　DD *Elytres* déprimées ; *corselet* sans carènes élevées PERMIDIUS.

　DDD *Elytres* elliptiques et un peu convexes ; *corselet* allongé et étranglé en arrière. . . . ARIDIUS

　CC *Surface* du corps fortement pubescente.

E　　　*Corselet* plus ou moins anguleux sur les côtés et

(1) M. E. Perris (Larves de coléoptères, 1877, p. 83) constate également entre les larves de *Langelandia* et celles des *Lathridius* et des *Corticaria* des différences notables ; celles-ci toutefois ne semblent pas exiger une séparation systématique aussi tranchée.

transversalement impressionné sur toute sa
largeur au devant de sa base. . . . . . . MELANOPHTHALMA.

EE *Corselet* arrondi sur les côtés qui sont ordinairement crénelés ; souvent une fovéole au milieu au devant de la base.

F   *Articles* 9 et 10 des *antennes* transversaux . . . MIGNEAUXIA.

FF *Articles* 9 et 10 des *antennes* allongés. . . . CORTICARIA.

BB *Massue des antennes* de 2 articles, *surface* du
corps glabre ; *élytres* à une strie.

G   *Antennes* composées de 11 articles dans les deux
sexes . . . . CALYPTOBIUM.

GG *Antennes* composées de 9 articles chez le ♂ et de
10 chez la ♀ . . . . HOLOPARAMECUS.

En cet état de choses, une révision sérieuse devenait utile. M. Ed.
Reitter, de Paskau en Moravie, l'a tentée : il a voulu être le révélateur
des Lathridides, comme il était déjà l'infatigable champion des Nitidulides, des Cryptophagides et autres petits groupes de Clavicornes.
En 1875, il a publié dans la Gazette Entomologique de Stettin un travail assez court mais substantiel, contenant des tableaux très soignés,
rédigés en latin comme les diagnoses génériques et spécifiques.
L'auteur y ajoute, en langue allemande, les descriptions plus éten-
dues des espèces nouvelles, quelques brèves discussions synony-
miques, et des comparaisons entre les groupes ou les espèces qui ont
ensemble quelque affinité.

Voici la traduction du tableau des genres, tableau qui s'éloigne peu
de celui que j'ai cru devoir adopter :

A   *Front* plan, presque lisse, offrant entre les yeux
une impression semi - circulaire teintée de
noir. . . . . MEROPHYSINI.

B   *Antennes* latérales ; *élytres* distinctement ovoïdes.

C   *Massue des antennes* formée d'un seul article
tronqué au sommet.

D   Point d'yeux. *Ecusson* distinct.

E   *Antennes* de 10 articles. *Prosternum* dilaté après
les hanches, tronqué au sommet, émarginé
semi-circulairement en avant. . . . . . COLUOCERA.

EE *Antennes* de 8 articles. *Prosternum* prolongé en
arrière des hanches, parallèle. . . . . .   REITTERIA.

DD Des *yeux*. *Ecusson* presque caché. Antennes de
8 articles. *Prosternum* défléchi en arrière des
hanches . . . .   MEROPHYSIA.

CC *Massue des antennes* composée de 2 articles, dont
le dernier n'est pas tronqué au sommet. . . .   HOLOPARAMECUS.

BB *Antennes* frontales. *Yeux* nuls. *Massue* des
antennes d'un seul article, solide, appendi-
culée. *Prosternum* semi-circulairement émarginé au devant des hanches. . . . . . .   ANOMMATUS.

AA *Front* sans impression semi-circulaire entre les
yeux, généralement à sculpture inégale. *Corps*
glabre, très-rarement subpubescent.

F *Prosternum* plus ou moins prolongé entre les
hanches antérieures subdistantes. *Front* le
plus souvent canaliculé. . . . . . .   LATHRIDIINI.

G Point d'*yeux*. *Antennes* latérales. Des sillons
antennaires distincts. . . . .   LANGELANDIA.

GG Des *yeux*. *Antennes* presque frontales, insérées
à peu près sur la marge de la tête.

H Point de *sillons antennaires*. *Elytres* soudées.
Antennes de 10 articles, avec la massue bi-
articulée. . . . .   METOPHTHALMUS.

HH Point de *sillons* antennaires. *Elytres* à peine
.soudées. *Antennes* de 11 articles.

1 *Front* canaliculé. *Elytres* ponctuées-striées.

K Deux *côtes* sur le pronotum.

L *Massue* antennaire moins brusque. *Tempes*
petites. . . . .   LATHRIDIUS.

LL *Massue* antennaire nettement brusque.
Tempes grandes . . . .   CONINOMUS.

KK Point de *côtes* sur le corselet.

M *Pronotum* sub-canaliculé longitudinalement au
milieu. *Massue* antennaire moins brusque ;
les articles s'élargissant peu à peu. . . .   ENICMUS.

MM *Pronotum* non sillonné. *Massue* antennaire
nettement brusque ; les deux premiers articles de largeur égale. . . . . . .   CARTODERE.

11 *Front* à peine canaliculé. *Elytres* gibbeuses,
non régulièrement striées-ponctuées. . . .   REVELIERIA.

FF   *Prosternum* non prolongé entre les hanches
antérieures qui sont rapprochées. *Front* non
canaliculé. *Côtes du corselet* le plus souvent crénelés ou denticulés. *Corps* pubescent, très rarement presque glabre . . . (CORTICARINI.)

N   *Antennes* piliformes, leurs 4 derniers articles
globuleux au sommet. *Pronotum* et *élytres*
offrant des côtesgibbeuses . . . . . . DASYCERUS.

NN   *Antennes* filiformes, à massue de trois articles.
Corselet et *élytres* sans côtes.

O   *Abdomen* de 5 segments chez la ♀. *Côtes du prothorax* crénelés. Une impression longitudinale sur le métasternum. *Corps* oblong. . . CORTICARIA.

OO   *Abdomen* de 6 segments dans les deux sexes.
Métasternum presque sans impression. *Corps*
plus court.

P   *Antennes* de 11 articles ; les deux premiers de
la massue oblongs. *Côtes du prothorax* à peine
crénelés. Les deux premiers *articles des tarses*
subégaux. . . . . MELANOPHTHALMA

PP   *Antennes* de 10, très rarement de 11 articles,
les deux premiers de la massue transverses.
Corselet latéralement denticulé. Second *article des tarses* plus court que le premier. MIGNEAUXIA.

La même année (1875), M. le docteur Georges Seidlitz, de Dorpat,
présentait dans sa Fauna Baltica (p. 38 et suivantes) une classification
toute différente. Nos Lathridides cessent de former une famille à part,
et sont répartis entre diverses tribus des Colydiides : les *Langelandia*
appartiennent au groupe 3ᵉ (*Coxelini*) ; les *Anommatus* et *Holoparamecus* au groupe 7ᵉ (*Cerylonini*) ; les *Colovocera* et *Merophysia* forment le groupe 10ᵉ (*Merophysini*), et le reste des genres compose le
groupe 5ᵉ (*Lathridiini*), dans lequel entrent aussi les *Monotoma*.
Cette disposition me paraît inadmissible. Sans engager à ce sujet une
discussion détaillée, il me suffira de faire remarquer que les caractères
assignés par l'auteur lui-même à sa famille des *Colydiidae* (loc. citat.
pag. xxxv) ne conviennent aucunement à nos insectes.

J'ai exposé plus haut quelle doit être la constitution actuelle de la
famille des Lathridiens. A l'exemple de M. Reitter, je pense qu'on
peut la partager en trois branches :

Hanches antérieures { plus ou moins séparées par le prosternum (1) ; ou, dans le cas contraire, massue des antennes composée seulement d'un ou deux articles. *Front* {

uni, sans sculpture, lisse, ou tout au plus finement pointillé. *Epistome* situé sur le même plan que le front dont il est séparé par une simple strie arquée (2). 1re branche. . . . . MÉROPHYSIAIRES·

inégal et diversement sculpté, souvent canaliculé au milieu, ou du moins fortement et rugueusement ponctué. *Epistome* séparé du front par une dépression transverse, et ordinairement situé sur un plan inférieur. 2e branche . . . LATHRIDIAIRES.

Contiguës. *Massue des antennes* composée de 3 ou 4 articles. 3e branche. . . . . CORTICARIAIRES.

PREMIÈRE BRANCHE

Mérophysiaires

Caractères. — *Corps* généralement ovalaire, parfois allongé, n'offran une forme parallèle que dans un seul genre. La *couleur* est presque toujours testacée ou ferrugineuse. La *pubescence* extrêmement fine n'est guère distincte qu'à l'aide d'une forte loupe. La *ponctuation*, assez forte et sériale chez les *Anommatus*, est pour l'ordinaire confuse et à peine perceptible à l'œil nu, en sorte que la surface apparaît lisse et luisante. *Front* uni, sans sculpture, situé sur le même plan que l'épistome, dont il est séparé par une légère strie, le plus souvent teintée de noir, plus ou moins arquée et aboutissant de chaque côté à la base des antennes. *Massue antennaire* composée seulement d'un ou deux articles. *Prosternum* visible, sous forme de lame, parfois assez large, entre les hanches antérieures qu'il sépare plus ou moins

(1 Dans le genre *Cartodere*, la lame prosternale est parfois interrompue entre les hanches : mais elle forme une saillie rudimentaire en arrière de celles-ci, et d'ailleurs la tête allongée, rugueuse, avec l'épistome déprimé et situé sur un plan inférieur, sans parler des autres caractères, suffirait à lever tous les doutes.

(2) Excepté dans le genre *Neoplotera*, où cette strie est obsolète, et paraît remplacée par une dépression à peine sensible. La structure des antennes, composées de 8 articles, et terminées par une massue uniarticulée, indique suffisamment sa place à côté des *Colovocera*.

complètement, excepté dans le genre *Anommatus* qui appartient évidemment à ce groupe par tous les autres caractères.

Obs. — Ces insectes sont, en majeure partie, propres à la faune circa-méditerranéenne. Cependant plusieurs remontent assez haut vers le nord : l'*Anommatus 12-striatus*, par exemple, se trouve en Angleterre, en Belgique et en Allemagne. Toutes les espèces qui me sont connues peuvent se répartir en six genres, dont voici le tableau :

Antennes

— de 8 articles, insérées latéralement sous le bord de la tête. *Yeux.*

    sur le front. *Yeux* globuleux, occupant tout le côté de la tête. *Pronotum* rétréci en devant, plus large à la base qui est bisinuée. . . . . NEOPLOTERA.

    remplacés par une saillie ocelliforme, sans facettes, ni pigmentum. *Ecusson* assez grand, en triangle arrondi. *Mesosternum.*

        sans carène longitudinale . . . . . COLOVOCERA.

        offrant deux fines carènes longitudinales divergentes . . . REITTERIA.

    distincts, mais composés seulement de quelques facettes pigmentées. *Pronotum* rétréci à la base. *Ecusson* large et court, peu distinct. . . . . MEROPHYSIA.

— de 9 à 11 articles. *Yeux*

    distincts. *Antennes* latérales. *Elytres* ovales, sans stries, ou avec une seule strie juxta-suturale. HOLOPARAMECUS.

    nuls. *Antennes* frontales. *Corps* parallèle. *Elytres* assez fortement ponctuées en séries . . . . . ANOMMATUS.

Genre *Neoplotera*, Belon.

Etymologie : νεοσ, nouveau ; πλωτηρ, navigateur.

CARACTÈRES.— *Corps* ovale, convexe. *Front* ne paraissant séparé de l'épistome ni par une dépression intra-antennaire sensible, ni par une strie arquée. *Antennes* de 8 articles, insérées à découvert aux angles antérieurs du front, et terminées par une forte massue sécuriforme uni-articulée. *Yeux* globuleux, à granulation grossière, occupant tout le côté de la tête. *Pronotum* rétréci en devant, ayant sa plus grande largeur à la base qui est bisinuée. *Ecusson* petit, triangulaire. *Elytres* nettement ovales, aussi larges à la base que le bord postérieur du corselet. *Prosternum* en plaque assez large, saillante et légèrement dilatée en arrière des hanches antérieures. *Mésosternum* sans carènes longitudinales, sillonné transversalement. *Métasternum* uni, tronqué à peu près droit entre les hanches médianes et entre les hanches postérieures. *Hanches* toutes distantes, les antérieures moitié moins que les médianes ; celles-ci offrent un écartement subégal à celui des postérieures. *Mésopleures* beaucoup moins allongées que les métapleures. *Abdomen* de 5 segments : le premier le plus long ; les trois suivants, courts, égaux entre eux ; le dernier un peu plus long que le quatrième. *Pattes* robustes ; cuisses comprimées inférieurement ; tibias assez larges. *Tarses* à dernier article plus long que les deux précédents réunis : ceux-ci courts, frangés de longs poils. *Crochets* simples ; au microscope, on distingue un onychium.

Obs. — La seule espèce qui compose ce genre est probablement exotique ; car elle a été trouvée à Rouen par M. Mocquerys, dans les balayures de la cale de navires, qui avaient transporté des arachides de la côte occidentale d'Afrique (1), et c'est pour rappeler cette circonstance que je lui ai donné le nom générique de *Neoplotera*. J'en possède deux exemplaires que M. Reiche avait séparés dans sa collection sous le nom inédit de *Colovocera peregrina*. Son faciès, la structure de ses antennes et des différentes pièces intercoxales la rapprochent en effet du genre suivant, et je l'y aurais volontiers placée, si la présence de caractères très importants dans la famille actuelle n'était venue me démontrer la nécessité d'une nouvelle coupe.

1. **Neoplotera peregrina** Belon.

Ovale, convexe, très finement pointillée, luisante, d'un roux testacé ; yeux noirs. Antennes de 8 articles : les trois premiers allongés, 4 à 7 transverses, 8ᵉ en massue sécuriforme. Pronotum bisinué à la base ; le lobe médian assez large, arrondi.

(1) *Ann. Soc. Ent. Fr.* 1855 Bulletin, pag. LXXIV.

Long. (1): 0^m002 (9/10 lig.) ; — larg. 0^m001 (1/2 1.)

Corps en ovale court, convexe, glabre et luisant, entièrement d'un roux-testacé, à l'exception des yeux qui sont noirs.

Tête moins large que le bord antérieur du corselet, à ponctuation très fine, éparse. *Front* profondément échancré par l'insertion antennaire, sans strie distincte pour le séparer de l'épistome. *Labre* transverse, cilié en devant, à angles antérieurs arrondis.

Antennes insérées à découvert sur le front, au devant des yeux, courtes, n'atteignant pas la base du corselet, composées de 8 articles : le 1er très dilaté, deux fois plus long que le 2e ; celui-ci subcylindrique, moins épais que le précédent ; le 3e plus allongé que le 1er, égalant presque les quatre suivants réunis, légèrement retréci vers la base ; les 4e à 7e transverses, croissant à peine en largeur ; le 8e formant à lui seul une très grosse massue comprimée, à peu près aussi longue que les quatre articles précédents pris ensemble, à côtés légèrement arqués, à peine retrécie vers la base, large et obtusément tronquée à l'extrémité. Lorsque l'insecte replie ces organes en dessous de la tête, le funicule vient se loger dans un sillon creusé entre le menton et les yeux, et la massue s'applique sous les angles antérieurs du prothorax, dont la tranche latérale est excavée en dessous.

Yeux globuleux, saillants, à granulation grossière, occupant tout le bord latéral de la tête à partir des antennes.

Pronotum transverse, éparsement pointillé, étroitement rebordé sur les côtés qui sont presque en ligne droite, plus retréci en devant qu'à la base, avec les angles antérieurs arrondis, et les postérieurs un peu obtus à pointe émoussée ; la base est bisinuée, et offre ainsi dans sa partie médiane un lobe assez large prolongé en courbe vers les élytres.

Ecusson distinct, petit, en triangle rectiligne, à peine plus long que large.

Elytres ovales, à peine plus larges à la base que le bord postérieur du pronotum, insensiblement arrondies sur les côtés depuis les épaules jusqu'à la moitié environ, puis offrant une courbure plus accentuée vers le sommet où elles s'arrondissent ensemble et recouvrent entiè-

(1) Les mesures indiquées pour la longueur et la largeur des insectes microscopiques de cette famille ne sont et ne peuvent être qu'approximatives, malgré tout le soin que j'ai mis à les rechercher.

rement l'abdomen ; leur surface offrent, à la loupe, quelques séries obsolètes de très petits points ; la marge latérale est finement rebordée ; le repli épipleural inférieur est presque horizontal, légèrement excavé à la base pour faciliter le jeu des cuisses médianes, large dans sa première moitié, puis se rétrécissant à proportion de la courbure des élytres, de façon à se terminer vers l'extrémité du 4ᵉ segment abdominal.

Lame prosternale assez large, non marginée latéralement, légèrement saillante et dilatée en arrière des hanches antérieures, subarrondie au sommet.

Mésosternum offrant un sillon transversal assez fort qui se prolonge sur les mésopleures.

Métasternum complètement uni, à peine pointillé éparsement, tronqué à peu près droit entre les hanches médianes et entre les hanches postérieures, environ 2 fois plus long que le mésosternum, au moins aussi long que le 1ᵉʳ segment abdominal.

Abdomen de 5 segments : le 1ᵉʳ le plus grand, surpassant un peu en longueur les deux suivants pris ensemble ; ceux-ci courts, égaux entre eux, ainsi que le 4ᵉ ; le 5ᵉ environ de moitié plus long que le précédent, arrondi au sommet.

Hanches toutes distantes : les antérieures moitié moins que les médianes ; celles-ci offrent un écartement subégal à celui des postérieures.

Pattes robustes : *cuisses* ne dépassant pas les côtés du corps, comprimées et en arête inférieurement ; *tibias* assez larges, arrondis en dessous vers l'extrémité, sans éperons distincts ; la tranche externe des antérieurs est légèrement taillée en biseau au tiers apical, et cette troncature est ciliée. *Tarses* ayant leurs deux premiers articles courts, frangés de longs poils soyeux ; le 3ᵉ article est plus long que les deux précédents réunis.

Habitat. — Cette espèce, vraisemblablement originaire de la côte occidentale d'Afrique, a été apportée à Rouen par des navires chargés d'arachides, et pourrait être rencontrée également dans nos ports de mer ; c'est à ce titre que j'ai cru utile de la signaler dans une faune française. D'ailleurs, étant donnée la tendance de plusieurs Mérophysiaires au cosmopolitisme, il n'y aurait rien de surprenant à ce que la *Neoplotera peregrina* parvînt à s'acclimater et à se reproduire sur notre sol.

Obs. — Ses caractères génériques empêcheront aisément touté confusion avec les suivantes. Par l'insertion frontale de ses antennes, elle se sépare nettement de toutes les espèces dont le contour est ovale, et chez lesquelles ces organes sont insérés latéralement. Son prothorax, plus large à la base qu'en devant, et, par suite, la lame prosternale élargie après les hanches antérieures, comme aussi le sillon transversal du mésosternum, la distinguent au premier coup d'œil des genres *Reitteria, Merophysia* et *Holoparamecus*, en même temps que ces caractères lui assignent une place auprès du genre *Colovocera* ; mais elle a des yeux globuleux et bien conformés, au lieu d'une simple saillie ocelliforme ; son épistome n'est point séparé du front par une légère strie arquée ; la massue de ses antennes est plutôt carrée que triangulaire ; la base du pronotum est distinctement bisinuée avec un lobe médian arqué, au lieu d'être coupée droit ; etc.

Genre *Colovocera*, Motschulsky.

Motschulsky, Bull. Mosc. 1838. II; pag. 177-178.

Etymologie : κολούω, tronquer ; κέρας, corne (1).

Caractères. — *Corps* ovale, convexe. *Front* uni, séparé de l'épistome par une légère strie arquée, teintée de noir. *Antennes* de 8 articles, insérées sous le rebord de la tête, et terminées par une forte massue obtriangulaire, uni-articulée. *Yeux* remplacés par une saillie ocelliforme, sans facettes, ni pigmentum, située près des angles antérieurs du corselet. *Pronotum* rétréci en devant, ayant sa plus

---

(1) Cette étymologie, indiquée par l'auteur du genre, démontre que le nom ne devrait pas être écrit avec un *Ch*. Mais, s'il est nécessaire de corriger cette faute d'orthographe, faut-il en outre admettre, avec le Catalogue de Munich, une transformation plus complète, et, je l'avoue, plus conforme aux règles, en disant *Coluocera* ? Malgré les avantages que peut présenter une nomenclature irréprochable à tous égards, je n'ai pas voulu entrer dans cette voie, pensant qu'il faut laisser à chacun ce qui lui appartient, sous sa responsabilité. D'ailleurs, obtiendrait-on le but qu'on se propose d'atteindre, la fixité de la nomenclature ? Il est permis d'en douter, les appréciations sur la manière d'entendre le purisme étymologique étant très diverses, comme on peut le voir, entre autres exemples, à propos de ce même nom générique· (*Ann. Soc Ent. Fr.* 1858. Bulletin, pag. LXIII, *note*).

grande largeur à la base, qui est coupée droit. *Ecusson* très distinct, en triangle arrondi. *Elytres* nettement ovales, aussi larges à la base que le bord postérieur du corselet. *Prosternum* en plaque assez large, saillante et légèrement dilatée en arrière des hanches antérieures. *Mésosternum* sans carènes longitudinales, arcuément émarginé en devant pour recevoir le prolongement du prosternum. *Métasternum* uni, tronqué à peu près droit entre les hanches médianes et entre les hanches postérieures. *Hanches* toutes distantes, les antérieures moitié moins que les médianes ; celles-ci offrant un écartement subégal à celui des postérieures. *Mésopleures* beaucoup moins allongées que les métapleures. *Abdomen* de 5 segments : le 1er le plus long, les 3 suivants courts, égaux entre eux ; le dernier plus long que le 4e. *Pattes* assez robustes : cuisses courtes et épaisses, comprimées ; tibias grêles, peu élargis vers le bout. *Tarses* à 1er article plus long que le 2e ; le 3e égal aux deux précédents réunis.

Obs. La description générique donnée par Motschulsky est assez exacte, sauf l'indication relative aux crochets des tarses, qui sont entiers, et non pas bifides ; mais il n'en est pas de même des figures (loc. cit. pl. III, fig. b, B à Bvi), destinées à représenter les détails de l'insecte, comme aussi à suppléer au silence du descripteur sur quelques points importants : on y voit, par exemple, l'abdomen composé de 5 arceaux d'égale longueur, et le métasternum égalant à lui seul tous les segments ventraux réunis ; les antennes sont dessinées avec 10 articles distincts ; etc. C'est à cela sans doute qu'il faut attribuer l'erreur manifeste dans laquelle est tombé M. Reitter (*Stett. Entom. Zeit.* 1875, pag. 301), en assignant à ce genre des antennes de dix articles. De là vient peut-être aussi l'expression employée par Jacquelin Duval, lorsqu'il dit (Genera, II, pag. 242) que ces organes ont « 8 articles *apparents.* » Quoi qu'il en soit, plusieurs diagnoses spécifiques publiées successivement par Wollaston (*C. Maderæ*), par Rosenhauer (*C. formicelicola*) et par le Dr Schaufuss (*C. gallica*), mentionnent expressément des antennes 8-articulées. Il y avait donc lieu de se demander, comme l'a fait M. le Dr Schaufuss (*Nunquam otiosus*, 2e vol., pag. 398), si les espèces trouvées en Europe appartiennent réellement au genre *Colovocera*, ou bien si l'on doit regarder comme inexact le caractère en question. L'examen d'exemplaires recueillis dans les contrées qui avoisinent la mer Caspienne et par

conséquent de même provenance que l'insecte décrit par Motschulsky,
m'incline à adopter cette seconde supposition, à laquelle se range également M. Reitter (*Mittheilungen der Münch. Entom. Ver.* 1877, p. 2).

Nettement séparées des genres *Holoparamecus* et *Anommatus* par
le nombre des articles antennaires, qui est identique à celui des *Neoplotera*, des *Reitteria* et des *Merophysia*, les *Colovocera* s'éloignent encore des *Anommatus* par leur forme ovale et par l'insertion des
antennes sous la marge de la tête, au lieu d'être frontale. Ce dernier
caractère les distingue aussi des *Neoplotera*. L'absence d'yeux à facettes remplacés par une saillie ocelliforme, le pronotum rétréci en
devant et offrant à la base sa plus grande largeur, la lame prosternale
dilatée en arrière des hanches antérieures, etc., ne permettent point
de les confondre avec les *Merophysia* et les *Holoparamecus*. Ceux-ci
ont en outre une massue antennaire composée de 2 articles, tandis
qu'elle est uni-articulée chez les *Colovocera*. Quant au genre *Reitteria*, avec lequel les *Colovocera* ont de très étroites affinités, il sera
toujours aisé de le reconnaître à son mésosternum muni de deux carènes longitudinales, qui n'existent pas ici.

1. Colovocera formicaria, MOTSCHULSKY.

*Ovale-oblongue, convexe, d'un roux testacé, luisante, à ponctuation
et à pubescence extrémement fines, souvent à peine distinctes. Antennes de huit articles : les trois premiers allongés ; 4ᵉ à 7ᵉ transverses ; 8ᵉ en massue triangulaire. Pronotum offrant sa plus grande
largeur à la base, qui n'est pas sinuée.*

Long.: 0ᵐ0012 — 0ᵐ0015 (3/5 l. à 2/3 l.); — larg. 0ᵐ0006 (2/7 lign.)

Colovocera formicaria, MOTSCHULSKY, Bull. Mosc. 1838. II, page 179. —
MÆRKEL, in Germ. Zeitschr V. pag. 255, n. 247. — REITTER, Stett. Entom.
Zeit. 1875, pag. 301.

Colovocera punctata, MÆRKEL, in Germ. Zeitschr. V. pag. 255, n. 247. —
COQUEREL, Ann. Soc. Ent. Fr. 1860, pl. 6, fig. 13, a-f. — Jacq. DUVAL, Genera
II, pl. 57, fig. 285. — REITTER, Stett. Ent. Zeit 1875, page 302.

Colovocera subterranea, MOTSCHULSKY, Bull. Mosc. 1845, pag. 111, n. 327.
— SCHAUFUSS, Nunquam otiosus, vol. II, pag. 414.

Colovocera formiceticola, ROSENHAUER, Thiere Andalus. 1856, pag. 355.

Colovocera Attæ, KRAATZ, Berl. Zeitschr. 1858, pag. 140.
Colovocera gallica SCHAUFUSS, Nunquam otiosus, vol II, pag. 398.

Corps en ovale oblong, convexe, luisant, entièrement d'un roux testacé plus ou moins clair, à ponctuation souvent obsolète et à peine plus forte que le poil planté au fond de chaque point, parfois un peu mieux marquée; pubescence très courte et très fine, presque indistincte à l'œil nu, de telle sorte qu'on dirait la surface lisse et glabre.

Tête un peu moins large que le bord antérieur du corselet, ayant le bord externe des joues un peu tranchant, presque marginé. *Front* distinctement séparé de l'épistome par une strie semi-circulaire ordinairement rembrunie, qui aboutit de chaque côté à l'insertion antennaire. *Labre* transverse, coupé droit en devant avec les angles arrondis.

Antennes assez robustes, insérées sous la marge latérale de la tête, courtes, atteignant à peine la base du corselet, composées de 8 articles : le premier et le second allongés, subégaux, plus épais (surtout le 1er) que ceux du funicule; le 3e plus long que le 1er, égalant environ les 4 suivants pris ensemble, un peu plus étroit à la base qu'au sommet, légèrement cambré, ce qui le fait paraître concave extérieurement; les 4e à 7e transverses, croissant à peine en largeur ; le 8e formant à lui seul une très grosse massue comprimée, rétrécie à la base, large et obtusément tronquée à l'extrémité, de forme obtriangulaire, aussi longue que les 4 articles précédents réunis.

Yeux représentés par une saillie ocelliforme, située près des angles antérieurs du corselet.

Pronotum transverse, rétréci en devant, ayant sa plus grande largeur à la base, finement relevé en marge caréniforme sur les côtés, qui sont presque droits, avec les angles antérieurs arrondis et les postérieurs subrectangulaires à pointe très peu émoussée ; la base est coupée droit et déborde légèrement sur celle des élytres qui vient s'y ajuster en s'abaissant; elle est d'ordinaire étroitement teintée de noir ainsi que les arêtes latérales. On aperçoit en outre, plus ou moins distinctement suivant le degré de coloration, deux petites taches ou gouttelettes noirâtres, ponctiformes, assez rapprochées du bord postérieur et un peu plus écartées entre elles qu'elles ne le sont des côtés du corselet.

Ecusson bien distinct, relativement grand, en triangle arrondi.

Elytres ovales, au moins aussi larges à la base que le bord postérieur du pronotum, faiblement dilatées après les épaules, atténuées progressivement vers le sommet où elles s'arrondissent ensemble et recouvrent entièrement l'abdomen; la marge latérale est finement rebordée par une arête rembrunie; le repli épipleural est horizontal, assez large à la base et jusqu'à la hauteur des pattes postérieures, puis rétréci proportionnellement à la courbure extérieure des étuis, et se terminant vers la base du 5° arceau ventral.

Lame prosternale assez large, parallèle et finement marginée entre les hanches antérieures, en arrière desquelles elle se dilate et forme une saillie subarrondie ou tronquée au sommet, qui vient s'ajuster dans la dépression transversale du mésosternum ; la partie antérieure de la poitrine est assez profondément échancrée en demi-cercle de chaque côté au devant des hanches ; les propleures paraissent également et faiblement excavées.

Mésosternum sans carènes longitudinales, arcuément émarginé pour recevoir le prolongement de la saillie prosternale.

Métasternum uni et lisse, sans sillon longitudinal médian, tronqué à peu près droit en devant et en arrière, deux fois plus long que le mésosternum, égalant environ le premier arceau ventral.

Abdomen de 5 segments : le 1er le plus grand, aussi long que les 2° et 3° réunis ; ceux-ci courts, égaux entre eux, ainsi que le 4° ; le 5° environ de moitié plus long que le précédent, arrondi au sommet.

Hanches toutes distantes : les antérieures moitié moins que les médianes; celles-ci offrent un écartement subégal à celui des postérieures.

Pattes assez robustes : cuisses courtes et épaisses, un peu comprimées ; tibias grêles, très faiblement élargis vers le bout, sans épines ni éperons distincts. *Tarses* ayant leur 1er article plus long que le 2° ; celui-ci court; le 3° dépasse en longueur les 2 précédents réunis.

Habitat. Cette espèce, découverte d'abord dans les régions qui avoisinent la mer Caspienne (à Derbent, dans le Daghestan), vit non seulement en Asie-Mineure, mais encore dans toute l'Europe méridionale et le nord de l'Afrique. J'en ai vu des exemplaires recueillis en Algérie (Alger et Bône), en Espagne (Algésiras, etc.), en France (Pyrénées-Orientales, Bouches-du-Rhône, Var et Alpes-Maritimes), en Italie (Naples), en Grèce, et dans plusieurs îles de la Méditerranée (Sicile, Sardaigne, Corse et Baléares). On les trouve sous les grosses pierres qui recouvrent les fourmilières bâties dans la terre ; d'après les observations que j'ai eu maintes fois l'occasion de faire en Corse, elles semblent habiter indifféremment avec plusieurs espèces de fourmis (1), ou même dans des galeries complètement inhabitées.

Obs. Après un examen consciencieux et plusieurs fois réitéré de séries assez nombreuses d'exemplaires, il m'est impossible de reconnaître une valeur spécifique aux légères différences signalées par les auteurs que j'ai cités en synonymie. Une ponctuation fine, qui passe par tous les degrés jusqu'à devenir complètement obsolète, et cela dans des individus capturés ensemble, appartient sans aucun doute à de simples variations individuelles. M. Reitter l'avait déjà constaté en ce qui concerne les *Colovocera Attæ* Kr. et *formiceticola* Rosenh., réunies par lui à la *C. formicaria* après inspection approfondie des types. La logique me conduit à adopter pareillement la réunion de la *C. punctata* Mærk., puisqu'on ne peut la séparer qu'en s'appuyant sur la ponctuation *un peu plus* marquée et sur la convexité *un peu plus* apparente ; encore ce dernier caractère n'est-il rien moins que constant. A plus forte raison, faut-il ajouter à la synonymie la *C. gallica* Schauf., dont l'établissement repose sur des données inexactes. Quant à la *C. subterranea* Motsch., l'œil si perspicace de l'auteur n'a pu y découvrir d'autres différences qu'une taille *un peu plus* petite, une couleur *plus* testacée et *plus* luisante, et des élytres *paraissant* plus courtes; il est permis de considérer ces caractères comme absolument dépourvus de valeur.

Le *Cerylon lapidarium* Dejean, n'est autre que l'espèce actuelle.

Le genre *Reitteria* a été créé par M. Leder (*Berl. Ent. Zeitschr.* 1872, pag. 137), sur une petite espèce, *lucifuga* Led. qu'il a rencontrée à Oran (Algérie) dans un nid de fourmis à demi abandonné (2). Je

---

(1) Ayant négligé alors de ramasser ces diverses espèces de fourmis, je ne puis malheureusement en donner les noms. Dans son énumération des Coléoptères myrmécophiles, M. Ed. André indique l'*Atta barbara* L. M. Lucas a fait savoir, dans le Bulletin de la Soc. Ent. de Fr. 1874, pag. 239, que la *C. Attæ* avait été recueillie à Menton dans les galeries de l'*Atta structor* Latr. D'autre part. J. Duval donne l'*OEcophthora pusilla* Heer, comme étant l'hôte de la *C. formiceticola*.

(2) On peut dire que cet insecte est une *Colovocera* avec le faciès d'une *Merophysia*. En l'état actuel de nos connaissances, il forme une division intermédiaire entre ces deux genres ; mais je suis porté à croire que des découvertes nouvelles dans la faune circa-méditerranéenne ou exotique, en nous faisant connaître les passages qui nous manquent jusqu'ici, amèneront la réunion de ces trois genres en un seul.

n'en donnerai point ici une description détaillée, puisqu'il n'appartient pas, à ma connaissance du moins, à la faune française. Si du reste des recherches ultérieures venaient à le faire découvrir en Corse ou dans nos départements méridionaux, il sera facile de le déterminer à l'aide des caractères indiqués plus haut dans le tableau des genres, auxquels on peut ajouter que le pronotum est à peu près également rétréci en devant et en arrière, que la lame prosternale est subparallèle entre les hanches antérieures, arrondie au sommet mais non défléchie comme chez les *Merophysia*, que les propleures offrent une fossette antennaire distincte vers les angles antérieurs seulement, et que les cuisses sont grêles à la base et renflées vers le sommet.

Genre *Merophysia*, Lucas.

Lucas, Ann. Soc. Ent. Fr. 1852. Bull. p.29.—Rev. zool., 1855, p. 360, pl. 9, fig. 2.

Etymologie : μηρὸς, cuisse ; φυσιάω, enfler.

CARACTÈRES. *Corps* oblong, assez convexe. *Front* uni, séparé de l'épistome par une fine strie arquée, teintée de noir. *Antennes* de 8 articles, insérées sous le rebord de la tête, et terminées par une massue obtriangulaire uni-articulée. *Yeux* distincts, mais petits et composés seulement de quelques facettes grossières. *Pronotum* rétréci à la base, offrant sa plus grande largeur avant le milieu. *Ecusson* peu distinct, large et très court. *Elytres* ovales, un peu plus larges à la base que le bord postérieur du corselet. *Prosternum* en lame médiocre, à peu près parallèle, défléchie après les hanches antérieures. *Mésosternum* tantôt deux fois environ plus large que le prosternum et sans carinules (*M. lata*), tantôt guère plus large que le prosternum et offrant deux carinules longitudinales divergentes. *Métasternum* tronqué à peu près droit entre les hanches médianes et entre les hanches postérieures. *Hanches* toutes distantes, les antérieures médiocrement, les médianes un peu davantage, les postérieures d'une façon très notable. *Mésopleures* beaucoup moins allongées que les métapleures. *Abdomen* de 5 segments: le 1er le plus long, les 3 suivants courts, égaux entre eux ; le dernier plus long que le 4e. *Cuisses* grêles à la base, renflées vers le sommet. *Tarses* à 1er article plus allongé que le 2e ; celui-ci court ; le 3e égalant environ les 2 précédents réunis.

Obs. Ce genre a, comme les précédents, des antennes 8-articulées, insérées sous le rebord de la tête ; mais ses yeux distincts, son écusson très court, à peine visible, son prosternum défléchi après les hanches antérieures, etc., le font aisément reconnaître. Par sa forme oblongue et son faciès, il fournit une transition évidente aux *Holoparamecus*.

Une douzaine d'espèces, toutes propres à la faune circaméditerranéenne, sont déjà décrites, mais une seule a été rencontrée jusqu'ici sur notre territoire.

1. **Merophysia formicaria**, Lucas.

Ovale-oblongue, médiocrement convexe, d'un roux testacé, à ponctuation et à pubescence très fines. Antennes robustes, de huit articles : les deux premiers courts, subégaux ; le 3e allongé, égalant les deux précédents réunis ; les 4e à 7e transverses ; le 8e en massue d'épaisseur médiocre, environ aussi longue que les 3 articles précédents pris ensemble. Pronotum un peu plus large que long, assez dilaté en avant, marginé d'une carinule étroite mais non sinué sur les côtés, à angles postérieurs obtus, et n'offrant à la base qu'une simple et légère dépression transversale.

♂ *Tibias antérieurs* offrant une dent saillante vers le 1/3 apical de leur face interne. *Métasternum* avec un petit tubercule caréniforme, parfois obsolète, situé au milieu dans le voisinage des hanches postérieures. 5e *segment abdominal* plus allongé, paraissant légèrement déprimé vers le sommet.

♀ *Tibias antérieurs* simples. *Métasternum* sans tubercule. 5e *segment abdominal* un peu moins allongé que celui du ♂.

Long. : 0^m0013-0^m0015 (1/2 à 2/3 lign.) ; larg. : 0^m0006 (2/7 lign.)

Merophysia formicaria Lucas, Ann. Soc. Ent. Fr. 1852. Bull. pag. 29. — Id. Rev. Zool. 1855, pag. 363, pl. 9, fig. 2. — Rosenhauer, Thiere Andalus. 1856, p. 353. — F. de Saulcy, Ann. Soc. Ent. Fr. 1864, pag. 422. — Von Kiesenwetter, Berl. Ent. Zeitschr. 1872, pag. 165. — J. Duval Genera Col. II, pl. 58, fig. 288.

Var. A. *Coloration un peu plus foncée. Pronotum aussi long ou un peu plus long que large, et, par suite, forme générale un peu plus allongée.*

Merophysia sicula v. Kiesenwetter, Berl. Ent. Zeitschr. 1872, p. 166.

Corps en ovale oblong, médiocrement convexe, luisant, d'un roux-testacé plus clair en dessous qu'en dessus ; ponctuation très fine, à peine distincte à l'œil nu, plus marquée sur la poitrine que sur le reste de la surface ; pubescence dorée, assez courte, visible seulement à la loupe, un peu plus longue en dessous.

Tête un peu moins large que le bord antérieur du corselet. *Front* distinctement séparé de l'épistome par une strie semi-circulaire ordinairement rembrunie, qui aboutit de chaque côté à l'insertion antennaire. *Labre* transverse, coupé presque carrément en devant.

Antennes épaisses, insérées sous la marge latérale de la tête, courtes, atteignant à peine la base du corselet, composées de 8 articles : les 2 premiers courts, subégaux, pas beaucoup plus épais que les suivants ; le 3° allongé, égalant les 2 précédents pris ensemble, un peu plus étroit à la base qu'au sommet, légèrement cambré, ce qui le fait paraître concave sur sa face externe ; les 4° à 7° transverses ; le 8° formant à lui seul une massue obconique de médiocre épaisseur, environ aussi longue que les 3 articles précédents réunis.

Yeux distincts, situés latéralement près des angles antérieurs du corselet, composés d'un petit nombre de facettes grossières, mais à pigmentum noir.

Pronotum pas plus long ou guère plus long que large, offrant sa plus grande largeur en avant du milieu, assez fortement arrondi vers les angles antérieurs, rétréci en ligne droite et finement relevé en marge caréniforme sur les côtés, avec les angles postérieurs obtus ; en devant de la base, qui est coupée droit et ordinairement teintée de noir ainsi que les arêtes latérales, le disque présente une dépression transversale assez sensible ; on y aperçoit en outre, plus ou moins distinctement suivant le degré de coloration, deux petites taches ou gouttelettes noirâtres rapprochées du bord postérieur, et un peu plus écartées entre elles qu'elles ne le sont des côtés du corselet.

Écusson presque caché sous le bord postérieur du prothorax, paraissant sous la forme d'un court segment de cercle.

Elytres en ovale oblong, environ deux fois plus longues que le corselet, plus larges à la base que le bord postérieur de celui-ci, dilatées après les épaules, et atténuées en ogive vers l'extrémité, où elles s'arrondissent ensemble et recouvrent entièrement l'abdomen ; la marge latérale est finement rebordée par une arête rembrunie ; le repli épipleural est horizontal, assez large à la base et jusqu'à la hauteur des pattes postérieures, puis graduellement rétréci par la courbe extérieure des étuis, et se terminant vers la base du 5° arceau ventral.

Lame prosternale médiocre, à peu près parallèle entre les hanches antérieures, et jusqu'à son sommet où elle est sensiblement défléchie ; la poitrine n'est point échancrée de chaque côté en devant, et les propleures n'offrent aucune excavation pour y loger les antennes, ou la massue.

Mésosternum marginé de deux fines carènes longitudinales, à peu près parallèles.

Métasternum uni et lisse, sans sillon longitudinal médian, tronqué à peu près droit en avant et en arrière, deux fois plus long que le mésosternum, égalant environ le 1er segment abdominal ; chez le ♂, on distingue sur son milieu, dans le voisinage des hanches postérieures, un petit tubercule caréniforme, parfois obsolète.

Abdomen de 5 segments : le 1er et le 5° les plus grands, au moins aussi longs chacun que les 2° et 3° réunis : ceux-ci courts, égaux entre eux, ainsi que le 4° : le dernier, plus allongé dans le ♂ que dans la ♀, présente en outre chez le ♂ une légère dépression subapicale transverse.

Hanches toutes distantes ; les antérieures et les médianes à peu près également ; les postérieures sont au moins deux fois plus écartées.

Cuisses grêles à la base, renflées vers le sommet. *Tibias* grêles, à peine arqués en dehors, sans épines ni éperons distincts ; les antérieurs des ♂ offrent à peu près au tiers apical de leur face interne une dent saillante, dont les ♀ sont dépourvues : *tarses* ayant le 1er article plus long que le 2° : celui-ci court ; le 3° dépasse en longueur les 2 précédents réunis.

HABITAT. Trouvée d'abord sur les plateaux de Médéah et de Boghar (Algérie) pendant les mois d'avril, de mai et de juin, dans une four-

milière fréquentée aussi par l'*Oochrotus unicolor*, cette espèce n'est
plus aujourd'hui une rareté dans les collections. J'en ai vu des exemplaires assez nombreux et de provenances très diverses en Asie, en
Afrique et en Europe ; je citerai seulement l'Imérétie (Batoum), l'Algérie (Oran et Alger), l'Espagne (Andalousie), la France (Var et Pyrénées
Orientales), la Corse, la Sardaigne, l'Italie, la Sicile et la Grèce. En
Corse, la *M. formicaria* paraît être attachée à une seule espèce de
fourmis ; du moins je ne l'ai jamais rencontrée que dans les galeries
de l'*Atta barbara* L.

Obs. Je considère la *M. sicula* Kiesenw. comme une simple variété
de cette espèce ; on ne saurait en effet accorder aucune importance à
une coloration *un peu plus* foncée, ni à une convexité *un peu plus*
forte ; et, quant au caractère tiré de ce que le prothorax est aussi
long, ou même un peu plus long que large, ce qui fait paraître l'insecte
proportionnellement plus allongé, avec une courbe latérale moins
prononcée, sa valeur est atténuée par son inconstance même. Si l'on
ajoute à cela que les caractères sexuels des ♂ sont absolument identiques, et qu'en examinant une série un peu nombreuse de *M. formicaria* recueillies dans la même fourmilière, il n'est pas rare de
rencontrer, avec des individus dont le corselet est nettement transverse,
d'autres exemplaires chez lesquels il est aussi développé que le peut
être celui de la *M. sicula*, on n'aura pas de difficulté à rejeter leur
séparation spécifique.

C'est la seule espèce du genre qui appartienne à notre région. Toutefois, parmi les *Merophysia* qu'a bien voulu me communiquer M. F.
de Saulcy, il se trouvait un exemplaire de la *M. carinulata*, qui,
d'après l'étiquette, aurait été capturé en Corse. Cette indication géographique me paraît erronée, l'espèce en question n'ayant pas été
rencontrée, à ma connaissance, par les habiles chasseurs qui ont
consacré depuis de longues années à la faune de l'île leurs infatigables
et persévérantes investigations.

J'ai cru qu'il ne serait pas sans intérêt d'ajouter ici, avec une courte
description de toutes les espèces connues du genre, un tableau qui
permettra aux entomologistes de les déterminer facilement.

A. *Bords latéraux du prothorax* légèrement abaissés et assez
     largement explanés. (1ᵉʳ groupe).

   a. *Dessus mat*, à ponctuation fine, un peu plus dense sur les élytres, avec une faible pubescence grise. . . . . LATA.

  aa. *Dessus luisant*, à ponctuation extrêmement fine, avec une pubescence pruineuse à peine visible. . . . CRETICA.

AA. *Marge latéral- du prothorax* finement relevée en carène. (2ᵉ groupe).

   b. *2ᵉ article des antennes* moins long que le 3ᵉ, ou l'égalant à peine.

    c. *3ᵉ article des antennes* égalant environ les deux suivants réunis; articles 6ᵉ et 7ᵉ au moins, transverses.

     d. *Prothorax* simple à la base, ou n'offrant qu'une étroite dépression transverse non accompagnée d'une sculpture particulière.

      e. Plus courte. *Antennes* plus robustes, avec les articles 4-7 nettement transverses . . . . . FORMICARIA.

     ee. Plus allongée. *Antennes* moins robustes, avec les articles 4-7 au moins aussi longs que larges . BAUDUERI.

    dd. *Prothorax* avec un petit pli longitudinal élevé de chaque côté sur la base. . . . . CARINULATA.

   cc. *3ᵉ article des antennes* moins long que les 2 suivants réunis ; ceux-ci plus longs que larges, ainsi que les 6ᵉ et 7ᵉ.

    f. *Prothorax* orné d'une sculpture spéciale.

     g. *Prothorax* avec une ligne oblique gravée de chaque côté sur la base . . . . OBLONGA.

    gg. *Prothorax* orné d'une fossette ovale anté-scutellaire . . . . FOVEOLATA.

   ff. *Prothorax* simple à la base, à angles postérieurs aigus . . . . PROCERA.

  bb. *2ᵉ article des antennes* distinctement plus long que le 3ᵉ.

    h. *Articles 3-7* plus longs que larges . . . . . . ORIENTALIS.

   hh. *Articles 4-7* pas plus longs que larges . . . . CARMELITANA.

Merophysia lata, V. KIESENWETTER.

En ovale large, assez convexe, d'un roux ferrugineux, presque mat, à ponctuation et pubescence assez fines ; celle-ci non pruineuse. Pronotum transverse, arrondi latéralement, avec la marge explanée ; angles postérieurs droits, non émoussés ; bases sans stries ni sillons. Antennes peu robustes, de 8 articles : les 2 premiers plus gros ; le 3ᵉ un peu plus long que le précédent, égale les deux suivants pris ensemble ; les 4ᵉ et 5ᵉ un peu plus longs que larges ; les 6ᵉ et 7ᵉ carrés : la massue très forte n'est pas longuement pétiolée, elle égale environ les 3 articles précédents réunis. Mésosternum plus large que le prosternum, n'offrant point de carinules longitudinales distinctes.

Long. : 0ᵐ0019 (4/5 lign.) ; — larg. : 0ᵐ0009 (2/5 lign.).

Merophysia lata, Kiesenwetter. Berl. Ent. Zeitschr. 1872, p. 164.

Habitat. Cette espèce paraît propre à la Grèce, où elle a été rencontrée dans la compagnie des fourmis. M. v. Kiesenwetter indique spécialement Athènes et Nauplie.

Obs. C'est l'espèce la plus large du genre ; son prothorax, explané latéralement, est aussi moins rétréci en arrière que dans toutes ses congénères du 2ᵉ groupe. Sa taille un peu moindre, son aspect presque mat, sa pubescence non pruineuse, les angles postérieurs du pronotum non émoussés, permettent de la séparer assez aisément de la *M. cretica*, avec laquelle elle forme un premier groupe très distinct. N'en ayant vu que deux exemplaires, je n'ai pu constater si les ♂ sont munis de caractères sexuels, analogues à ceux des espèces suivantes.

Merophysia cretica, V. Kiesenwetter.

En ovale large, assez convexe, d'un roux ferrugineux très luisant, à ponctuation et pubescence très fines ; celle-ci pruineuse. Pronotum transverse, arrondi latéralement avec la marge explanée ; angles postérieurs presque droits, mais émoussés ; base sans stries, ni sillons. Antennes, comme dans l'espèce précédente.

Long. : 0ᵐ0022 (1 lign.) ; — larg. : 0ᵐ001 (1/2 lign.)

Merophysia cretica, V. Kiesenwetter. Berl. Ent. Zeitschr, 1872, p. 163.

Habitat. L'exemplaire unique, sur lequel a été faite la description de l'auteur, a été recueilli par Zebe dans l'île de Crète.

Obs. Cet insecte ne m'étant pas connu en nature, j'ai emprunté à M. von Kiesenwetter les caractères indiqués dans la diagnose ci-dessus, et l'énoncé des différences qui séparent cette espèce de la précédente. La description me parait s'appliquer assez bien à un exemplaire recueilli en Grèce (sans indication plus précise) et obligeamment communiqué par M. F. de Saulcy. Cet exemplaire est un ♂ : il offre en effet un tubercule métasternal distinct, et ses tibias antérieurs ont, au 1/4 environ de leur face postéro-interne, une faible dent tuberculiforme, qui n'est pas suivie d'une échancrure. Si, comme je le crois, c'est une *M. cretica*, cette espèce différerait en outre de la *M. lata* par les lignes ou carinules latérales du mésosternum, qui n'existent pas chez cette dernière, et qui sont distinctes ici, quoique peu marquées.

Merophysia Baudueri, Reitter.

Ovale oblongue, d'un ferrugineux clair, assez luisant, à ponctuation et pubescence très fines. Pronotum un peu plus long que large, arrondi sur les côtés vers le tiers antérieur, rétréci en ligne droite vers la base avec les angles postérieurs droits ; la base offre une dépression transversale, assez marquée au milieu, s'oblitérant peu à peu en dehors, sans délimitation bien nette. Antennes peu épaisses, à 3ᵉ article plus long que le 2ᵉ ; le 4ᵉ un peu plus long que chacun des suivants ; les 5ᵉ à 7ᵉ environ aussi longs que larges ; massue proportionnellement pas très grosse. — ♂ Tibias antérieurs munis d'une dent suivie d'une échancrure, vers le 1/3 apical de leur face postéro-interne. Un petit tubercule caréniforme sur le milieu du métasternum entre les hanches postérieures.

Long. : 0ᵐ0019 (4/5 lign.) ; — larg. : 0ᵐ0006 (2/7 lign.)

Merophysia Baudueri, Reitter, Mittheil. Münch. Vereins, 1877, p. 6.
Merophysia acuminata, Fairmaire, Ann. Soc. Ent. Fr., 1879, p. 168, n° 25.

Habitat. Cette espèce se rencontre en Algérie : M. R. Oberthür l'a rapportée de Bou-Saada, de Biskra et de plusieurs autres localités.

Obs. Voisine de la *M. oblonga* par sa forme générale, elle s'en dis-

tingue de suite par l'absence de ligne oblique gravée sur la base
du pronotum. Parmi les espèces dont le corselet est dépourvu de
sculpture basale, on la reconnaîtra aisément en étudiant la proportion relative des articles de ses antennes.

M. le Dr Puton a bien voulu me communiquer le type unique de la
M. acuminata, qui vient également de Biskra, et j'ai pu m'assurer
qu'il s'accorde très bien avec la description antérieurement publiée
de la *M. Baudueri*.

Merophysia carinulata, Rosenhauer.

Ovale oblongue, d'un roux-testacé luisant, à ponctuation et pubes-
cence très fines. Pronotum aussi long que large, légèrement dilaté
dans son tiers antérieur, rétréci en ligne droite vers la base, avec les
angles postérieurs obtus ; la base offre de chaque côté une petite
carène longitudinale, limitant une dépression transverse. Antennes
à 3ᵉ article plus long que le 2ᵉ ; 4ᵉ à 7ᵉ presque carrés. — ♂ Tibias
antérieurs munis d'une dent suivie d'une échancrure, vers le 1/3
apical de leur face postéro-interne. Un tubercule métasternal.

Long. : 0ᵐ0019 (4/5 lign.) ; — larg. : 0ᵐ0006 (2/7 lign.)

Merophysia carinulata. Rosenhauer, Thiere Andalus, p. 354.— Kraatz, Berl.
   Ent. Zeitschr, 1858, p.139.-- F. de Saulcy, Ann. Soc. Ent. Fr.1864, p. 422.

Habitat. Les exemplaires d'Espagne que j'ai vus proviennent
d'Algésiras, de Madrid et de Barcelone ; mais elle doit sans doute se
rencontrer dans d'autres provinces. Je possède un échantillon recueilli par Gougelet à Tanger (Maroc). MM. le Dr Munier et Bedel
l'ont capturée à Daya (province d'Oran).

Obs. Les carinules prothoraciques suffisent à distinguer cette
espèce de toutes ses congénères. — C'est le *Cerylon ferrugineum*
Déjean
Un exemplaire recueilli à Jaffa par M. F. de Saulcy présente quelques différences dans la structure des antennes, dont les articles paraissent un peu plus allongés ; les carènes du pronotum sont un peu

plus rapprochées entre elles, de sorte que la base semble divisée en trois portions presque égales; l'échancrure des tibias antérieurs (♂) est plus profonde et la dent qui la précède est située un peu plus haut. Si la découverte d'un certain nombre d'individus semblables venait à démontrer la constance de ces caractères, il y aurait lieu de les séparer spécifiquement, et, dans ce cas, je proposerais de donner à cette espèce nouvelle le nom de *M. Saulcyi*, en l'honneur du savant entomologiste auquel je dois une profonde reconnaissance pour ses généreuses communications.

Merophysia foveolata, BAUDI.

Ovale oblongue, d'un ferrugineux plus ou moins clair, luisant, à ponctuation et pubescence fines. Pronotum aussi long que large, assez dilaté en devant, subsinué latéralement avant les angles postérieurs qui sont aigus, orné près de la base d'une fossette ovale antéscutellaire. Antennes à 3ᵉ article un peu plus long que le 2ᵉ; les 4ᵉ à 7ᵉ plus longs que larges, subégaux. — ♂ Tibias antérieurs offrant, vers le tiers apical de leur face postéro-interne, une dent suivie d'une échancrure. Un tubercule métasternal.

Long. : 0ᵐ0015 (2/3 lign.) ; — larg. : 0ᵐ0006 (2/7 lign.)

Merophysia foveolata, BAUDI, Berl. Ent Zeitschr, 1870 , p. 59.

HABITAT. L'auteur l'a capturée dans l'île de Chypre ; mais on la retrouve sur le continent asiatique, et j'en possède des exemplaires rapportés par M. F. de Saulcy, de Bethléem (Palestine) et de Beyrouth.

OBS. La fossette antéscutellaire du corselet caractérise très nettement cette espèce.

Merophysia oblonga, V. KIESENWETTER.

Ovale oblongue, d'un roux ferrugineux assez luisant, à ponctuation et pubescence très fines. Pronotum aussi long que large, arrondi sur les côtés dans sa moitié antérieure, puis rétréci en ligne droite

*vers la base avec les angles postérieurs droits ; la base offre une
dépression transverse très peu sensible, limitée de chaque côté par
une petite ligne enfoncée oblique. Antennes à 3ᵉ article un peu plus
long que le 2ᵉ ; les 4ᵉ à 7ᵉ au moins aussi longs que larges ; massue
allongée, pas très grosse proportionnellement. — ♂ sans tubercule
métasternal, mais offrant, comme chez les espèces précédentes, une
dent suivie d'une échancrure vers le 1/3 apical de la face postéro-
interne des tibias antérieurs.*

Long. : 0ᵐ0018 (4/5 lign.) ; — larg. : 0ᵐ0006 (2/7 lign.)

Merophysia oblonga, V. KIESENWETTER, Berl. Ent. Zeitschr., 1872, p. 164.

HABITAT. Trouvé d'abord à Zante au pied des vieux oliviers, dans la
société des fourmis, cet insecte a été rencontré à Salonique, Athènes
et Nauplie. J'en possède aussi un exemplaire recueilli à Ephèse par
M. F. de Saulcy.

OBS. Les lignes obliques gravées sur la base du pronotum font
reconnaître cette espèce au premier coup d'œil.

Merophysia procera. REITTER.

*Ovale-oblongue, d'un brun ferrugineux luisant, à ponctuation et
pubescence fines. Pronotum plus large que long, à peine dilaté en
avant ; côtés presque droits, avec les angles postérieurs aigus ; la base
est subsinuée de chaque côté, et l'impression transversale antéscutellaire est distincte. Antennes à 3ᵉ article un peu plus long que le 2ᵉ ;
les 4ᵉ à 7ᵉ notablement plus longs que larges ; massue longuement
pétiolée, puis dilatée et tronquée obliquement. — ♂ offrant un tubercule métasternal et une dent suivie d'échancrure aux tibias antérieurs, comme chez les espèces précédentes.*

Long. : 0ᵐ0022 (1 lign.) ; — larg. : 0ᵐ0008 (3/10 lign.)

Merophysia procera, REITTER, Stett. Ent. Zeit. 1875, p. 304.

HABITAT. La Palestine paraît être la patrie de cet insecte, qui
portait dans la collection Reiche le nom inédit de *M. syriaca*.

Obs. Sa grande taille et les articles des antennes plus longs que larges le distinguent très nettement de tous ses congénères qui ont comme lui la base du corselet sans sculpture spéciale.

Merophysia orientalis. F. DE SAULCY.

Ovale-allongée, d'un roux testacé luisant, à ponctuation et pubescence fines. Pronotum environ aussi long que large, arrondi sur les côtés avant le milieu, subsinué vers la base, avec les angles postérieurs aigus et saillants; base légèrement bisinuée; la dépression transversale est étroite et très faible. Antennes à 2ᵉ article plus long que le 3ᵉ; les 4ᵉ à 7ᵉ plus longs que larges; massue allongée, sécuriforme, — ♂ orné d'un tubercule métasternal, et d'une dent suivie d'une échancrure aux tibias antérieurs, comme chez les espèces précédentes.

Long. : 0ᵐ0015 (2/3 lign.); — larg. : 0ᵐ0006 (2/7 lign.)

Merophysia orientalis, F. DE SAULCY. Ann. Soc. Ent. F., 1864, p. 422.
Merophysia ovalipennis, COYE, l'Abeille, VI, annexe, p. 376.

HABITAT. Caramanie, Tarsous, avec les fourmis.

Obs. La longueur du second article des antennes, qui surpasse celle du 3ᵉ, est un caractère que cette espèce possède en commun avec la suivante; elle s'en distingue néanmoins aisément par les articles 4ᵉ à 7ᵉ plus longs que larges.

Les démarches que j'ai faites pour obtenir communication du type de la *M. ovalipennis*, ou du moins pour avoir sur ses caractères distinctifs des renseignements plus précis que ceux de la description, sont demeurées sans aucun résultat. L'auteur avoue qu'elle est voisine de la *M. orientalis* qui lui est inconnue. Jusqu'à preuve du contraire, je la considère comme identique, à moins toutefois qu'elle n'ait réellement, selon l'affirmation du descripteur, un abdomen de 4 segments, ce qui la différencierait non seulement de la *M. orientalis*, mais de toutes les *Merophysia* et même de tous les Lathridiides sans exception ! ! !

Merophysia carmelitana. F. DE SAULCY.

Ovale-allongée, d'un roux testacé généralement assez clair et assez luisant, à ponctuation et à pubescence assez fines. Pronotum assez fortement dilaté en avant, droit et fortement rétréci sur les côtés vers la base, avec les angles postérieurs droits ; base simplement déprimée ; la ponctuation y est plus forte et allongée en strioles. Antennes à 2e article plus long que le 3e ; les 4e à 7e pas plus longs que larges ; massue allongée, sécuriforme. — ♂ mêmes caractères sexuels que la précédente.

Long. : 0ᵐ0013 à 0ᵐ0015 (3/5 à 2/3 lign.) ; — larg. 0ᵐ0004 à 0ᵐ0005 (1/6 à 1/5 lign.)

Merophysia carmelitana, F. DE SAULCY, Ann Soc. Ent Fr. 1861, p. 423.
Merophysia minor, BAUDI, Berl. Ent. Zeitschr. 1870, p, 59.

HABITAT. D'après M. F. de Saulcy, cet insecte vit, en Palestine, avec la *Myrmica barbara*. M. Baudi l'a pris en Chypre. J'en possède des exemplaires de Tarsous (Caramanie), de Beyrouth et du Carmel.

OBS. La *M. minor* est une race un peu plus petite que le type, mais il est impossible de lui accorder une valeur spécifique. La longueur du 2e article des antennes caractérise cette espèce ainsi que la précédente, et la distingue de toutes ses congénères. Elle est de forme moins parallèle que la *M. orientalis*, dont elle diffère essentiellement par les articles 4e à 7e des antennes pas plus longs que larges.

Genre *Holoparamecus,* Curtis.

CURTIS. Ent. Mag. I, 1833. p. 186.

Etymologie : ὅλος, tout ; παραμήκης, oblong.

CARACTÈRES. *Corps* ovale, souvent allongé. *Front* uni, séparé de l'épistome par une légère strie, souvent à peine arquée, ordinairement teintée de noir. *Antennes* de 9 à 11 articles, insérées sous la marge des angles antérieurs du front, et terminées par une forte massue ovale bi-articulée, (le dernier article parfois peu distinct). *Yeux* arrondis, latéraux. *Pronotum* plus ou moins cordiforme, finement rebordé sur les côtés, diversement sculpté au devant de la base. *Écusson* bien visible, transverse, arrondi. *Élytres* ovalaires, ordinairement allongées, tronquées droit à la base, avec les angles huméraux non marqués, offrant (hormis dans une espèce) une strie juxta-suturale plus ou moins nette. *Prosternum* en lame souvent assez étroite et dépassant les hanches antérieures, excepté chez l'*H. Bertouti* où il se termine en angle au milieu d'elles. *Mésosternum* finement carinulé sur les côtés. *Métasternum* tronqué droit en avant et en arrière, offrant chez plusieurs espèces divers caractères sexuels. *Hanches* antérieures le plus souvent peu distantes ; les médianes au moins deux fois plus écartées ; les postérieures séparées très notablement. *Mésopleures* moitié plus courtes que les métapleures. *Abdomen* de 5 segments : le 1er le plus long, les 3 suivants courts, le dernier plus long que le 4e. *Pattes* assez robustes : cuisses grêles à la base, épaisses à l'extrémité ; tibias subcylindriques, à peine plus épais au sommet. *Tarses* ayant le 3e article égal aux 2 précédents réunis ; ceux-ci inégaux, le 1er plus long que le 2e.

OBS. Ici, les antennes commencent à compter de 9 à 11 articles, ce qui sépare nettement ce genre des précédents. Il se distingue aussi aisément des *Anommatus* par la présence des yeux et d'un écusson, par l'insertion antennaire sous-marginale, et par la forme et la sculpture de ses élytres. C'est à tort que Redtenbacher (Fauna Austr. 3e édit. I. pag. 412) indique la massue des antennes comme 3-articulée car, si l'antépénultième article est parfois légèrement plus épais que ; les précédents. il est manifeste qu'il fait néanmoins partie du funicule. La figure donnée par le Dr Aubé de l'antenne du *caularum* est pareillement inexacte sur ce point, puisque l'antépénultième article y est représenté avec une dilatation bien supérieure à celle qu'il a en réalité.

A ne considérer que la variabilité du nombre des articles antennaires, on serait tenté de conserver les diverses coupes génériques qui ont été proposées. En effet, tantôt les antennes comptent 11 articles dans les deux sexes (*Calyptobium* Aubé), tantôt le ♂ en a 10 et la ♀ 11 (*Tocalium* Motschulsky), tantôt le ♂ en a 9 et la ♀ 10 (*Holoparamecus* Curtis). Mais l'ensemble des caractères essentiels, joint à l'identité des mœurs, démontre l'homogénéité des espèces qui doivent composer ce groupe naturel.

Je n'ai point à m'occuper ici des *Tocalium*, qui comprennent seulement des espèces exotiques. Quant aux *Calyptobium* et aux *Holoparamecus*, ils ont des représentants dans notre faune française, et on pourra les déterminer à l'aide du tableau suivant :

A. *Antennes* de 9 articles (♂), de 10 (♀).
(s-g. *Holoparamecus* Curtis) (1).

   a. *Yeux* grands, occupant presque tout le côté de la tête depuis l'insertion antennaire jusqu'aux angles antérieurs du corselet.

   b. Ovale, convexe. L'espace compris entre les lignes gravées au devant de la base du corselet forme deux plaques triangulaires unies au milieu par leurs pointes . . .   RAGUSÆ.

  bb. Allongé, déprimé. L'espace compris entre les lignes gravées au devant de la base' du corselet forme deux plaques presque carrées . . . .   KUNZEI.

  aa *Yeux* petits, n'occupant guère plus du tiers de l'espace latéral compris entre l'insertion antennaire et les angles antérieurs du corselet. . . . .   SINGULARIS.

AA. *Antennes* de 11 articles dans les 2 sexes ; (le 11ᵉ est parfois peudistinct, mais alors la massue parait uni-articulée).

  B. *Yeux* petits, occupant environ un tiers du côté de la tête. 9ᵉ *article des antennes* plus long que large ; le 11ᵉ beaucoup plus petit que le 10ᵉ. *Elytres* sans strie juxta-suturale (s-g. *Tomyrium* Reitter) (2) . .   BERTOUTI.

  BB. *Yeux* grands, occupant presque tout le côté de la tête depuis l'insertion des antennes jusqu'aux

---

(1) C'est sur le *singularis* que Curtis a fondé son genre *Holoparamecus*, et par conséquent il est nécessaire de conserver ce nom à la division qui renferme cette espèce. Je ne puis comprendre pour quel motif M. Reitter a cru devoir l'attribuer au 3ᵉ sous-genre, inconnu de l'auteur anglais.

(2) Par les singularités de sa structure, le *Bertouti* a des droits incontestables à former le type d'un groupe distinct.

angles antérieurs du corselet. 9ᵉ *article des antennes*
transverse ; 10 et 11ᵉ subégaux. *Elytres* offrant une
strie juxta-suturale plus ou moins distincte. (s-g.
Calyptobium Aubé) (1).

c. *Base du corselet* gravée de 2 lignes longitudinales
et de 2 lignes transversales ; l'espace compris
entre les lignes séparé au milieu par une carène
longitudinale très nette . . . . NIGER.

cc. *Base du corselet* ornée de 4 fossettes, les 2 médianes tantôt confluentes, tantôt séparées par
par une carinule plus ou moins obsolète. . . CAULARUM.

1. Holoparamecus Ragusae, REITTER.

*Ovale, assez convexe, entièrement testacé, luisant. Yeux occupant
presque tout l'espace latéral compris entre l'insertion antennaire et
les angles antérieurs du corselet. Antennes de 9-10 articles , tous
allongés, ou du moins aussi longs que larges, avec la massue distinctement bi–articulée. Corselet transverse, subcordiforme, orné sur la
partie basale de 2 lignes transversales enfoncées, réunies entre elles de
chaque côté par une large dépression sulciforme. Elytres brièvement
ovales, assez convexes, notablement plus larges que le prothorax et
environ deux fois 1/2 plus longues que lui, avec une fine strie
juxta-suturale obsolète.*

♂ *Antennes* composées de 9 articles, proportionnellement un peu
plus allongés que ceux de la ♀. *Métasternum* offrant dans son milieu
une carinule longitudinale rembrunie, s'étendant de la moitié jusqu'au bord postérieur. Une large fossette ovale transverse sur le 5ᵉ
arceau ventral.

♀ *Antennes* composées de 10 articles. *Métasternum* simple, sans
carinule, ni ligne longitudinale imprimée. Pas de fossette sur le 5ᵉ
arceau ventral.

(1) Il est manifeste que cette dénomination appartient à la division
actuelle : en effet, comme on peut le voir dans les *Annales de la Soc Ent.
de France* (1843, pag. 242, et pl. X, fig. 2), le Dʳ Aubé a pris pour type de
son genre *Calyptobium* l'espèce qu'il désignait sous le nom de *caularum*, et la
diagnose générique fait une mention expresse des antennes de onze articles.

Long. : 0ᵐ001 (1/2 lign.) ; — larg. : 0ᵐ0005 (1/4 lign.)

Holoparamecus Ragusae, Reitter, Stett. Ent. Zeit, 1875, p. 309.

Corps ovale, assez convexe, d'un testacé luisant, paraissant lisse et glabre ; mais à un fort grossissement on distingue des points et une fine pubescence dorée.

Tête un peu moins large que le bord antérieur du corselet, en carré transverse jusqu'aux antennes, puis rétrécie en devant. *Front* séparé de l'épistome par une strie à peine arquée, légèrement rembrunie, assez fortement imprimée, qui aboutit de chaque côté à l'insertion antennaire. *Labre* court, arrondi en devant.

Antennes assez robustes, insérées sous la marge de l'angle antérieur du front, atteignant la base du prothorax, composées de 9 articles chez le ♂ et de 10 chez la ♀ : les 2 premiers allongés, subcylindriques, un peu plus gros que les suivants ; le 3ᵉ subcylindrique, égalant le 2ᵉ ; les suivants obconiques, plus longs que larges ; les deux derniers articles forment une grosse massue obconique, égalant environ les 3 articles précédents réunis ; le pénultième est environ 2 fois plus long que le dernier ; celui-ci transverse et subtronqué au sommet.

Yeux arrondis, peu saillants, à facettes assez grosses, occupant presque tout le côté de la tête depuis l'insertion antennaire jusqu'au corselet.

Pronotum moins long que large, subcordiforme, ayant sa plus grande largeur au tiers antérieur, coupé à peu près droit en avant et faiblement sinué de chaque côté en arrière ; les côtés, marginés d'une carinule très nette, rembrunie, sont arrondis en avant, un peu plus dilatés chez le ♂ que chez la ♀, puis légèrement rétrécis vers le milieu en une sinuosité très légère, et se redressent en arrière pour tomber carrément sur la base ; au devant de celle-ci, il est orné de 2 lignes transversales peu enfoncées, l'antérieure arquée assez fortement vers la base, la postérieure faiblement arquée en sens contraire, de sorte que l'espace intra-linéaire forme comme 2 plaques triangulaires unies au milieu par leurs pointes ; les 2 lignes transversales sont réunies entre elles de chaque côté par un sillon assez large qui remonte à peu près jusqu'au milieu de la longueur du prothorax (1).

(1) Ce sillon est plus long par conséquent que celui de l'*H. Kunzei.*

La ponctuation très fine est un peu plus dense que celle des élytres.

Ecusson court, transverse, subarrondi.

Elytres brièvement ovalaires, assez convexes, environ 2 fois et 1/2 plus longues que le corselet, beaucoup plus larges que lui, coupées droit à la base sans former d'angles huméraux marqués, élargies sous l'épaule jusqu'au tiers, puis se rétrécissant en s'arrondissant ensemble vers l'extrémité qui recouvre l'abdomen sans le dépasser; lorsqu'on regarde les élytres sous un certain jour, on y distingue une strie juxta-suturale extrêmement fine et presque obsolète qui s'étend en ligne droite à peu près jusqu'au sommet ; le repli épipleural est assez marqué, large d'abord, puis se rétrecissant avec la courbure des élytres pour disparaître vers le 5ᵉ arceau ventral.

Lame prosternale bien distincte, plus large que chez les 2 espèces voisines, dépassant les anches antérieures et faisant saillie sur le mésosternum. Tout le propectus est couvert d'une ponctuation serrée, assez grosse.

Mésosternum à peine 2 fois plus large que le prosternum, moitié plus court que le métasternum, finement marginé de carinules plus rapprochées en devant qu'entre les hanches médianes.

Métasternum environ 2 fois aussi long que le 1ᵉʳ segment abdominal, simple dans la ♀, présentant dans son milieu chez le ♂ une carinule longitudinale qui s'étend depuis la moitié jusqu'au bord postérieur ; celui-ci tronqué droit, ainsi que la partie qui s'avance entre les hanches médianes.

Abdomen de 5 segments : le 1ᵉʳ environ aussi long que les 2 suivants réunis, envoyant entre les hanches postérieures une large saillie tronquée droit en avant ; les 2ᵉ, 3ᵉ et 4ᵉ courts, subégaux ; le dernier plus long que le précédent, portant chez le ♂ une large fossette ovale transverse.

Hanches antérieures très nettement séparées ; les médianes environ 2 fois plus distantes entre elles, et les postérieures le sont plus largement encore.

Cuisses assez grèles à la base, épaissies vers l'extrémité. *Tibias* subcylindriques, à peine dilatés au sommet, à peu près droits. *Tarses* ayant le 1ᵉʳ article allongé, la 2ᵉ moitié plus court ; le 3ᵉ égale environ les 2 précédents réunis ensemble. *Ongles* simples.

HABITAT. Cette espèce a été découverte en Sicile par M. Ragusa ;

mais elle doit probablement se rencontrer dans les diverses îles de la Méditerranée. On la prend en Corse, sous les vieux foins. J'en ai vu aussi 2 exemplaires recueillis en Toscane. M. Reitter l'indique aussi de Belgique.

Obs. L'*H. Ragusæ* appartient par sa structure antennaire au groupe des *Holoparamecus* vrais, entre lesquels il se distingue à première vue par sa forme courtement ovalaire et convexe, qui rappelle le faciès des *Mérophysia* ; il fait très bien le passage entre ce dernier genre et les espèces suivantes. Sa lame prosternale est aussi plus large que chez ses congénères ; et, sans parler de plusieurs autres caractères distinctifs, la configuration des dessins prothoraciques est différente de celle qui existe chez les *H. singularis* et *Kunzei*,. et les articles des antennes sont plus allongés.

2. Holoparamecus Kunzei, AUBÉ.

Allongé, déprimé, entièrement testacé luisant. Yeux occupant presque tout l'espace latéral compris entre l'insertion antennaire et les angles antérieurs du corselet. Antennes de 9-10 articles, avec la massue distinctement biarticulée. Corselet à peine aussi long que large, subcordiforme, orné sur son disque d'une fossette sulciforme longitudinale, raccourcie en avant et en arrière, offrant en outre sur la partie basale 2 lignes transversales enfoncées, réunies entre elles de chaque côté par une large dépression sulciforme. Elytres à peine ovalaires, oblongues, environ 3 fois plus longues que le prothorax et aussi larges que lui, avec une fine strie suturale obsolète vers le sommet.

♂ *Antennes* composées de 9 articles : le 2ᵉ proportionnellement plus allongé que chez la ♀ ; le 3ᵉ égalant les 2 suivants réunis.

♀ *Antennes* composées de 10 articles : le 3ᵉ subégal au 2ᵉ qui est proportionnellement moins allongé que chez le ♂.

Long. : 0ᵐ001 à 0ᵐ0012 (1/2 à 3/5 lign.); — larg. : 0ᵐ0004 (1/6 lign.).

Calyptobium Kunzei. AUBÉ. Ann. Soc. Ent. Fr., 1843, p. 245, pl X, n° 1, fig. 4, — ALLIBERT, Rev Zool , 1847, p. 18.

Corps allongé, déprimé, d'un testacé luisant, paraissant lisse et glabre ; mais, à un fort grossissement, on distingue des points et une

fine pubescence dorée ; en dessous ces points sont un peu mieux marqués sur le prosternum, et la pubescence des segments abdominaux
paraît plus longue, surtout sur le dernier arceau.

Tête à peine moins large que le bord antérieur du corselet, en carré
transverse jusqu'aux antennes, puis rétrécie en devant. *Front* séparé
de l'épistome par une strie à peine arquée, légèrement rembrunie,
assez fortement imprimée, qui aboutit de chaque côté à l'insertion
antennaire. Labre court, arrondi en devant.

Antennes assez robustes, insérées sous la marge de l'angle antérieur
du front, atteignant environ la base du prothorax, composées de 9
articles chez le ♂, et de 10 chez la ♀ : les 2 premiers sont subcylindriques, allongés, un peu plus gros que les suivants ; le 2ᵉ est proportionnellement plus allongé chez le ♂ que chez la ♀ ; le 3ᵉ, cylindrique, est un peu moins allongé chez la ♀ que chez le ♂, où il égale
les 2 suivants pris ensemble ; les articles 4–7 (♂), 4–8 (♀) sont subglobuleux, presque aussi longs que larges ; celui qui précède immédiatement la massue est à peine plus épais que les autres ; la massue
est allongée, 2 fois plus épaisse, égalant environ les 3 articles précédents, composée de 2 articles légèrement retrécis en s'arrondissant à
la base ; le pénultième un peu plus allongé que le dernier.

Yeux arrondis, peu saillants, à facettes assez grosses, occupant
presque tout le côté de la tête, depuis l'insertion antennaire jusqu'au
prothorax.

Pronotum à peine aussi long que large, subcordiforme, coupé à
peu près droit en avant et en arrière, ayant sa plus grande largeur
au tiers antérieur ; les côtés, marginés d'une fine carinule rembrunie,
sont arrondis en avant et se redressent en arrière pour tomber carrément sur la base ; au devant de celle-ci, il est orné de 2 ligues transversales enfoncées, l'antérieure légèrement courbée vers la base,
réunies entre elles de chaque côté par un sillon assez large, qui remonte à peu près jusqu'au tiers ; une carinule longitudinale extrêmement fine, parfois obsolète, partage au milieu cet espace intralinéaire, qui paraît ainsi divisé en 2 plaques presque carrées ; sur le
milieu du disque est imprimée une ligne plus ou moins raccourcie en
avant et en arrière, presque creusée en fossette allongée, vers le tiers
antérieur.

Ecusson bien distinct, transverse, subarrondi.

Elytres à peine ovalaires, allongées, environ 3 fois plus longues que le corselet, aussi larges que lui dans sa plus grande largeur, coupées droit à la base sans former d'angles huméraux marqués, légèrement élargies sous l'épaule et atteignant leur plus grande largeur avant le milieu, puis se retrécissant insensiblement vers l'extrémité qui est subtronquée, arrondie en dehors, un peu émoussée à l'angle sutural, dépassant légèrement le dernier segment abdominal ; il existe une strie juxta-suturale, imprimée très finement, à peu près droite, se rapprochant néanmoins un peu plus de la suture vers les 3/4 des élytres, où elle devient obsolète; le repli épipleural est assez étroit, peu distinct, et se termine vers le 5ᵉ arceau ventral.

Lame prosternale étroite, linéaire, dépassant les hanches antérieures.

Mésosternum environ moitié moins long que le métasternum, formant entre les hanches médianes une lame tronquée droit au sommet, au moins 3 fois plus large que celle du prosternum, marginée latéralement d'une carinule très fine faiblement arquée en dehors ; ces carinules sont un peu plus rapprochées en avant qu'entre les hanches médianes.

Métasternum plus allongé que le 1ᵉʳ segment abdominal, tronqué droit en devant et en arrière, marqué du milieu à la base d'une strie longitudinale à peine imprimée, mais distincte par sa teinte obscure.

Abdomen de 5 segments : le 1ᵉ environ aussi long que les 2 suivants réunis, envoyant entre les hanches postérieures une large saillie tronquée droit en avant ; les 2ᵉ, 3ᵉ et 4ᵉ courts, subégaux entre eux ; le 5ᵉ est un peu plus long que le précédent.

Hanches antérieures légèrement séparées; les médianes sont environ 3 fois plus distantes entre elles, et les postérieures beaucoup plus largement encore.

Cuisses assez grêles à la base, épaissies vers l'extrémité. *Tibias* subcylindriques, à peine dilatés au sommet, à peu près droits. *Tarses* ayant le 2ᵉ article plus court que le 1ᵉʳ; le 3ᵉ égale les 2 précédents réunis. *Ongles* simples.

Habitat. Quoiqu'il ait été découvert dans des champignons desséchés provenant du Brésil, cet insecte n'est peut-être pas d'origine exotique. En tout cas, il faut admettre qu'il appartient aussi à la faune de l'Europe méridionale, ou qu'il s'y est naturalisé; car on l'a

rencontré en Piémont, en Corse et dans le midi de la France, où il
vit dans le fumier. Il a été également recueilli au Japon, dans l'Inde,
à Madère, et ailleurs. Il paraît s'accommoder pour sa nourriture de
substances très variées; sa larve a été observée, à Sainte-Marie-de-Ma-
dagascar, creusant de nombreuses galeries dans des tablettes de cho-
colat, et les faisant tomber en poussière. Le Dr Coquerel a donné
dans les Annales de la Soc. Ent. de France (1848. pag. 181, et pl. VII,
n° 4, fig. 5. a. b. c. d.) une courte note sur les premiers états de cette
espèce.

Obs. Par sa forme allongée, déprimée, cet insecte se rapproche
beaucoup plus du suivant que du précédent. Toutefois, il ne saurait
être confondu avec l'*H. singularis*, dont les yeux sont notablement
plus petits, et les dessins prothoraciques se composent seulement de
2 lignes transversales réunies entre elles de chaque côté par un sillon
longitudinal, sans présenter au milieu, comme chez l'*H. Kunzei*, ni
une carinule qui sépare en 2 parties l'espace intralinéaire, ni une
impression sulciforme plus ou moins allongée sur le disque du corselet
dans sa partie antérieure.

3. Holoparamecus singularis , Beck.

*Allongé, légèrement déprimé, entièrement testacé, luisant. Yeux
petits, n'occupant guères plus du 1/3 de l'espace latéral compris entre
l'insertion antennaire et les angles antérieurs du corselet. Antennes
de 9-10 articles, avec la massue distinctement bi-articulée. Corselet à
peine plus long que large, subcordiforme, orné sur la partie basale
de 2 lignes transversales, parfois peu marquées, réunies entre elles de
chaque côté par une large dépression sulciforme. Elytres à peine
ovalaires, oblongues, environ 3 fois plus longues que le prothorax et
aussi larges que lui, avec une très fine strie juxta-suturale, obsolète
vers le sommet.*

♂ *Antennes* composées dè 9 articles : le 3e allongé, subégal au 2e.

♀ *Antennes* composées de 10 articles: le 3e à peine plus long que le
suivant.

Long. : 0ᵐ0012 [3/5 lign.]; — larg. 0ᵐ0004 [1/6 lign.]

Holoparamecus singularis, Beck, Beitr. baïer. Ins. 1817, p. 14 ; pl. 3 fig. 15. — Motschulsky, Rev. Zool., 1844, p. 442. — Reitter , Stett. Ent. Zeit. 1875, p. 308, — *Holoparamecus depressus*, Curtis, Ent. Mag , 1833, I. p. 186 ; — et Brit. Ent. III, pl. 614.— *Calyptobium difficile*, Villa, Cat. Col. Eur., 1833, p. 26. — *Calyptobium Villae*, Aubé Ann. Soc. Ent Fr., 1843, p. 243. pl. X, n° 1, fig. 1. — *Holoparamecus populi*, Motschulsky, Bull. Mos.. 1867, I, p. 99. — *Holoparamecus longipennis*, Motschulsky, Bull. Mos. 1867, I, p. 100.

Corps subovale allongé, légèrement déprimé, entièrement testacé, luisant, paraissant lisse et glabre, mais à un fort grossissement on distingue, en dessus et sur la page inférieure, des points et une fine pubescence dorée.

Tête un peu moins large que le bord antérieur du corselet, en carré transverse jusqu'aux antennes, puis retrécie en devant. *Front* séparé de l'épistome par une strie à peine arquée, légèrement rembrunie, assez fortement imprimée, qui aboutit de chaque côté à l'insertion antennaire. *Labre* court, arrondi en devant.

Antennes assez robustes, insérées sous la marge de l'angle antérieur du front, atteignant environ la base du prothorax, composées de 9 articles chez le ♂ et de 10 chez la ♀ : les 2 premiers sont subcylindriques, un peu plus gros que les suivants, le 1ᵉʳ plus court que le 2ᵉ ; celui-ci le plus long de tous ; le 3ᵉ allongé, mais un peu moins que le 2ᵉ chez le ♂, à peine plus long que le 4ᵉ chez la ♀ ; les suivants aussi longs que larges ; celui qui précède immédiatement la massue un peu plus épais que les autres du funicule ; massue épaisse, allongée, égalant les 3 articles précédents réunis, distinctement bi-articulée ; le pénultième article un peu plus allongé que le dernier ; celui-ci parait tronqué obliquement.

Yeux petits, arrondis, à facettes assez grosses, n'occupant guère plus du tiers de l'espace latéral compris entre les antennes et les angles antérieurs du corselet.

Pronotum à peine plus long que large, subcordiforme, ayant sa plus grande largeur au tiers antérieur, coupé à peu près droit en avant et en arrière ; les côtés sont marginés d'une très fine carinule rembrunie : ils s'arrondissent en avant et se redressent en arrière pour tomber carrément sur la base ; au devant de celle-ci , le disque est ornéde 2 lignes transversales, plus ou moins arquées en sens contraire, l'antérieure moins profonde et parfois même obsolète, réunies entre elles de chaque côté par un sillon assez large qui remonte environ jusqu'au tiers de la longueur du prothorax.

Ecusson court, transverse, subarrondi.

Elytres à peine ovalaires, oblongues, environ 3 fois plus longues que le corselet, aussi larges que lui dans sa plus grande largeur, coupées droit à la base sans former d'angles huméraux marqués, légèrement élargies sous l'épaule et atteignant leur plus grande largeur avant le milieu, puis se rétrécissant insensiblement vers l'extrémité qui est subarrondie et recouvre l'abdomen en le dépassant à peine. lorsqu'on regarde les élytres sous un certain jour, on distingue une strie juxta-suturale extrêmement fine et presque obsolète, qui s'étend en ligne droite à peu près jusqu'au sommet; le repli épipleural est peu distinct, plus large le long du métasternum, il se rétrécit ensuite et se termine vers le 5ᵉ arceau ventral.

Lame prosternale étroite, linéaire, dépassant les hanches antérieures.

Mésosternum environ moitié moins long que le métasternum, formant entre les hanches médianes une lame tronquée droit au sommet, au moins 2 fois plus large que celle du prosternum, marginée latéralement d'une carinule extrêmement fine et faiblement arquée en dehors.

Métasternum simple dans les deux sexes, sans sillon longitudinal médian, de même longueur que le 1ᵉʳ segment abdominal, tronqué droit en devant et en arrière.

Abdomen de 5 segments: le 1ᵉʳ environ aussi long que les 2 suivants réunis, envoyant entre les hanches postérieures une large saillie tronquée droit en avant; les 2ᵉ, 3ᵉ et 4ᵉ courts, subégaux; le dernier plus long que le précédent.

Hanches antérieures légèrement séparées; les médianes sont au moins 2 fois plus distantes entre elles, et les postérieures beaucoup plus largement encore.

Cuisses assez grêles à la base, épaissies vers l'extrémité. *Tibias* subcylindriques, à peine dilatés au sommet, à peu près droits *Tarses* ayant leur 2ᵉ article plus court que le 1ᵉʳ ; celui-ci allongé ; le 3ᵉ égale à peine les 2 précédents réunis. *Ongles* simples.

Habitat. Cette espèce est répandue dans presque tout l'ancien Monde et jusqu'aux Canaries ; elle se prend, comme ses congénères, sous les vieux foins ou dans les fumiers. Motschulsky l'a trouvée dans du riz avarié provenant des Indes orientales ; il a pris son *H. longipennis* en Egypte, sous des débris de végétaux ; l'*H. populi* aurait été capturé sous l'écorce des peupliers.

J'en ai vu des exemplaires d'Angleterre, d'Allemagne, de France méridionale, d'Italie, de Grèce, des îles de Corse et de Sicile, et de Palestine (Jérusalem).

Obs. La petitesse de ses yeux distingue tout d'abord l'*H. singularis* des 2 autres espèces appartenant au même sous-genre.

Les lignes transversales gravées à la base du corselet sont parfois obsolètes, et Motschulsky a voulu y voir un caractère spécifique : il a donc nommé *H. depressus* Curtis, les individus chez lesquels ces mêmes lignes étaient bien distinctes, tandis qu'il désignait les autres sous les noms de *H. singularis* Beck, *H. populi* Motsch, et *H. longipennis* Motsch. Ce sont là des variations individuelles que l'auteur a vainement cherché à corroborer par des différences absolument illusoires dans la longueur relative des 2ᵉ et 3ᵉ articles antennaires.

4. Holoparamecus [Tomyrium] Bertouti, Aubé.

Allongé, subelliptique, assez convexe, d'un testacé ou d'un roux ferrugineux un peu luisant. Yeux petits, occupant environ un tiers de l'espace latéral compris entre l'insertion antennaire et les angles antérieurs du corselet. Antennes de 11 articles dans les deux sexes : le 9° plus long que large ; le 10ᵉ allongé, formant avec le 11ᵉ, qui est très court et peu distinct, une massue solide ovale (1). Corselet allongé, cordiforme, offrant sur son milieu une ligne longitudinale imprimée, et à sa base 2 tubercules assez gros arrondis et élevés, bordés du côté externe par un sillon large et profond. Elytres allongées, subel-

(1) A première vue, on distingue difficilement, au milieu de la pubescence terminale, le dernier article de la massue qui est toujours plus étroit et beaucoup plus court que le pénultième. Voilà sans doute pourquoi la description du Dʳ Aubé ne mentionne que dix articles.

*liptiques environ 4 fois plus longues que le prothorax et aussi larges
que lui avant leur milieu, couvertes d'une ponctuation fine, peu serrée, non en séries, sans strie suturale.*

♂ *Corps* un peu moins allongé. *Métasternum* à peine marqué d'une
fine ligne longitudinale imprimée, mais muni au milieu, entre les
hanches postérieures, d'un petit tubercule caréniforme rembruni.

♀ *Corps* un peu plus allongé et proportionnellement plus étroit.
Métasternum marqué d'un sillon longitudinal, plus enfoncé au milieu
entre les hanches postérieures, sans tubercule.

Long. : ♂ 0ᵐ0013 (3/5 lign.); ♀ 0ᵐ0016 (3/4 lign.); — larg. :
0ᵐ0004 (1/6 lign.).

Holoparamecus Bertouti, AUBÉ, Ann. Soc. Ent. Fr., 1861, p. 198, n° 5. —
REITTER, Stett. Ent. Zeit., 1875, p. 312.

Corps très allongé, subelliptique, assez convexe, d'un testacé ou
d'un roux ferrugineux, un peu luisant ; la surface est couverte, en
dessus et en dessous, d'une ponctuation peu dense, plus ou moins fine
avec des poils indistincts à l'œil nu, qui s'élèvent du fond de chacun
des points.

Tête un peu moins large que le bord antérieur du corselet, carrée
jusqu'aux antennes, rétrécie en devant; plus allongée que dans les
genres précédents, à ponctuation très fine, obsolète et éparse. *Front*
séparé de l'épistome par une strie à peine arquée, légèrement rembrunie, qui aboutit de chaque côté à l'insertion antennaire. *Labre* très
court, arrondi en devant.

Antennes assez robustes, insérées sous la marge de l'angle antérieur
du front, allongées, atteignant la base du prothorax, composées de
11 articles (10 apparents) dans les deux sexes : les deux premiers allongés, subégaux, mais le premier est subcylindrique, plus épais
que le deuxième, qui est légèrement obconique, égalant au moins la
longueur des deux suivants réunis ; ceux-ci un peu plus minces ; les
troisième à huitième sont à peine plus longs que larges chez la ♀, un
peu plus longs chez le ♂ ; le neuvième est nettement plus long que
large et un peu plus épais que les précédents, en carré ou subobconique ; le dixième, allongé, forme une massue ovale assez forte,
égalant les deux articles précédents réunis, terminée par des poils

' hérissés au milieu desquels se cache un onzième article, qui est très court et un peu plus étroit.

Yeux petits, subarrondis, à peine convexes, composés seulement de quelques facettes assez grossières, et occupant environ un tiers des côtés de la tête, à partir de l'insertion antennaire.

Pronotum oblong, cordiforme, bordé latéralement d'une très fine carinule un peu rembrunie, fortement rétréci en arrière ; la partie la plus large correspond au quart antérieur environ ; le sommet et la base coupés presque carrément ; avec les angles antérieurs un peu obtus et les postérieurs droits ; il est marqué sur son disque d'un fin sillon longitudinal un peu raccourci en avant et en arrière ; la base est ornée au milieu de 2 tubercules arrondis, élevés, subcontigus, limités extérieurement par un sillon largement excavé qui aboutit à l'angle basal du pronotum ; la ponctuation est analogue à celle de la tête.

Ecusson lisse, transverse, subarrondi.

Elytres subelliptiques, ayant environ 4 fois la longueur du corselet, aussi larges que lui à la base, puis élargies, sans former d'angles huméraux marqués, jusque vers le milieu où elles dépassent presque de moitié sa plus grande largeur, régulièrement rétrécies en arrière et s'arrondissant ensemble à l'extrémité qui recouvre complètement l'abdomen ; couvertes d'une ponctuation confuse, pas très serrée, un peu moins fine que celle de la tête et du corselet ; il n'existe point de strie suturale, cependant on aperçoit une fine strie juxta-scutellaire partant de l'épaule, mais ne dépassant point l'écusson ; le repli épi-pleural est presque entièrement inférieur, avec ses 2 marges légère-ment rembrunies ; moins étroit le long du métasternum, il se rétrécit insensiblement avec la courbure des élytres et se termine vers le 5e arceau ventral.

Prosternum s'avançant en pointe jusqu'au milieu environ des han-ches antérieures, ne faisant point saillie en arrière d'elles.

Mésosternum environ moitié plus court que le métasternum, for-mant entre les hanches médianes une lame bien distincte quoique pas très large, finement marginé en arc ; cette marge parfois oblitérée.

Métasternum s'avançant en lame tronquée jusqu'au milieu des hanches intermédiaires, égalant en longueur le 1er segment abdominal, tronqué à peu près droit à la base, offrant au milieu un sillon longitudinal plus ou moins finement imprimé, plus fort chez la ♀ entre les hanches postérieures, remplacé en cet endroit chez le ♂ par un petit tubercule caréniforme ordinairement rembruni.

Abdomen de 5 segments : le 1er un peu plus long que les 2 suivants réunis ; les 2e, 3e et 4e courts (moins chez la ♀ que chez le ♂), décroissant à peine de longueur ; le 5e presque aussi long que les 2 précédents réunis ; la marge des segments est souvent rembrunie.

Hanches antérieures subcontiguës ; les médianes un peu écartées, les postérieures trois ou quatre fois davantage.

Cuisses claviformes, assez grêles à la base, épaissies au sommet. *Tibias* subcylindriques, à peine épaissis vers le sommet, et couverts d'une pubescence soyeuse assez épaisse, bien distincte ; les 4 antérieurs à peu près droits, les postérieurs courbés en dehors, lorsque leur face postéro-externe est vue de profil. *Tarses* ayant leurs articles assez allongés, le 1er un peu plus que le 2e ; le 3e environ aussi long que les 2 précédents réunis. *Ongles* simples.

Habitat. Cet insecte a été rencontré sur tout notre littoral méditerranéen, d'Hyères à Marseille ; il vit sous les débris de fucus. J'en ai vu, dans la collection de M. Revelière, 2 exemplaires recueillis par Raymond à Cagliari (Sardaigne).

Obs. Le faciès singulier de cette espèce serait de nature à tenter les faiseurs de genres ; mais, malgré la présence de différences tranchées il est nécessaire de le rattacher aux *Holoparamecus*, dont il présente les caractères essentiels. Il y forme cependant, au même titre que les *Calyptobium*, un groupe bien caractérisé par ses antennes de 11 articles dans les 2 sexes, par la petitesse des yeux, qui rappellent ceux des *Merophysia*, par sa pointe prosternale prolongée seulement jusqu'au milieu des hanches antérieures, par l'absence de strie juxta-suturale, etc.

5. Holoparamecus [Calyptobium] niger Aubé.

Allongé, subconvexe, tantôt noir, tantôt d'un roux ferrugineux plus ou moins sombre, avec les antennes et les pattes testacées, un peu luisant. Yeux occupant presque tout l'espace latéral compris

*entre l'insertion des antennes et les angles antérieurs du corselet.
Antennes de 11 articles dans les 2 sexes (le 9ᵉ subtransverse), terminées par une massue distinctement bi-articulée. Corselet un peu
moins long que large, cordiforme, offrant sur sa partie basale 2 lignes transversales enfoncées, réunies entre elles de chaque côté par
une large dépression sulciforme; une fine carinule longitudinale
partage dans son milieu l'espace ainsi délimité, qui paraît par suite
formé de 2 larges tubercules quadrangulaires, peu élevés. Élytres
ovales-oblongues, environ 3 fois plus longues que le corselet et aussi
larges que lui, avec une fine strie suturale bien marquée, devenant
obsolète vers l'extrémité.*

♂ *Métasternum* faiblement, assez largement déprimé au milieu dans
sa moitié postérieure. *1ᵉʳ segment abdominal* pareillement déprimé
longitudinalement au milieu dans son tiers postérieur.

♀ *Métasternum et 1ᵉʳ arceau ventral* sans dépression ni strie longitudinales.

Var. A. *D'un roux ferrugineux, avec les élytres d'un noir de poix,
prenant une teinte plus claire sur le dos avant le sommet.*

Long. 0ᵐ001 (1/2 lign.); — larg. 0ᵐ0004 (1/6 lign.)

Calyptobium nigrum Aubé, Ann. Soc. Ent. Fr. 1843, pag. 246, pl. X n. 1,
fig. 3. — Motschulsky, Bull. Mosc. 1867. I, page 103.
Holoparamecus niger Reitter, Stett. Ent. Zeit. 1875, pag. 307.
Holoparamecus occultus Leder, Berl. Ent. Zeitschr. 1872, pag. 139.
Holoparamecus Lowei Wollaston (1) Reitter, Stett. Ent. Zeit. 1875. p. 307

Corps allongé, subconvexe, tantôt noir, tantôt d'un roux ferrugineux,
parfois avec les élytres d'un noir de poix prenant une teinte plus claire
sur le dos avant le sommet; les antennes et les pattes sont testacées;
un peu luisant, parsemé en dessus et en dessous de points et de
poils assez fins qu'on ne distingue qu'à un fort grossissement.

(1) On rencontre ce nom dans divers catalogues (par exmple : de Marseul,
Grenier, etc.) ; mais le catalogue de Munich n'en fait pas mention, et il ne
semble pas avoir été publié avec une description avant celle de M. Reitter ;
car M. Wollaston n'en dit rien dans un article (paru en février 1874 dans
l'*Entom. Monthly Magaz.* X. pag. 200), où il énumère les espèces du genre
Holoparamecus qu'il a pu examiner.

Tête à peine moins large que le bord antérieur du corselet, en carré transverse jusqu'aux antennes, puis rétrécie en devant. *Front* séparé de l'épistome par une strie un peu arquée, assez fortement imprimée, qui aboutit de chaque côté à l'insertion antennaire. *Labre* court, arrondi en devant.

Antennes assez robustes, insérées sous la marge de l'angle antérieur du front, atteignant environ la base du prothorax, composées de 11 articles dans les 2 sexes : les 2 premiers sont subcylindriques et un peu plus épais que les suivants ; le 2e un peu rétréci à la base est plus long que le 1er ; les articles 3e à 9e sont subobconiques à peine aussi longs que larges ; le 9e est à peine plus épais ; la massue est distinctement biarticulée, allongée, 2 fois plus épaisse que les articles précédents, égalant au moins les articles 7e à 9e pris ensemble ; le pénultième subégal au dernier.

Yeux arrondis, peu saillants, à facettes assez grosses, occupant presque tout le côté de la tête depuis l'insertion antennaire jusqu'au prothorax.

Pronotum à peine aussi long que large, cordiforme, coupé à peu près droit en avant et en arrière, ayant sa plus grande largeur au tiers antérieur ; les côtés, marginés d'une fine carinule, sont arrondis en avant et se redressent en arrière pour tomber carrément sur la base ; au devant de celle-ci, il est orné de 2 lignes transversales enfoncées, réunies entre elles de chaque côté par une large dépression sulciforme ; une fine carinule longitudinale partage dans son milieu l'espace ainsi délimité, de manière à le faire paraître, composé de 2 larges boursoufflures quadrangulaires, à peine élevées.

Ecusson transverse, arrondi.

Elytres ovales oblongues, environ 3 fois plus longues que le corselet, aussi larges que lui dans sa plus grande largeur, coupées droit à la base sans former d'angles huméraux marqués, légèrement élargies sous l'épaule et atteignant leur plus grande largeur avant le milieu, puis se rétrécissant insensiblement vers l'extrémité qui est subarrondie et recouvre entièrement l'abdomen sans le dépasser ; il existe une fine strie juxta-suturale, bien marquée, légèrement rapprochée de la suture au-dessous de l'écusson et vers l'extrémité où elle devient obsolète ; le repli épipleural est peu marqué ; médiocre à la base, il se rétrécit avec la courbure des élytres et se termine vers le 5e arceau ventral.

Lame prosternale formant une arête saillante qui dépasse les hanches antérieures.

Mésosternum environ moitié moins long que le métasternum, formant entre les hanches médianes une lame tronquée droit au sommet, au moins 3 fois plus large que celle du prosternum, marginée latéralement d'une carinule très fine faiblement arquée en dehors ; ces carinules sont un peu plus rapprochées en avant qu'entre les hanches médianes.

Métasternum allongé, égalant environ les 2 premiers segments abdominaux, tronqué droit en devant et en arrière, marqué chez le ♂ seulement d'une faible dépression longitudinale qui s'étend de la moitié presque jusqu'à la base.

Abdomen de 5 segments : le 1er environ aussi long que les 2 suivants réunis, envoyant entre les hanches postérieures une large saillie tronquée droit en avant, présentant chez le ♂ une faible impression longitudinale médiane sur son tiers postérieur ; les 2e, 3e et 4e subégaux, ou décroissant un peu; le 5e plus long que le précédent, mais n'égalant pas le 1er.

Hanches antérieures nettement quoique faiblement séparées; les médianes sont environ 3 fois plus distantes entre elles, et les postérieures s'écartent plus largement encore.

Cuisses assez grêles à la base, épaissiesvers l'extrémité. *Tibias* subcylindriques, à peine dilatés au sommet, à peu près droits. *Tarses* ayant leur 1er article allongé ; le 2e court ; le 3e égale les 2 précédents réunis. *Ongles* simples.

Habitat. Cette espèce paraît très répandue dans une partie de l'Europe méridionale (Sicile, Corse et Sardaigne, Suisse et Italie) et le nord de l'Afrique. En Corse, on la rencontre parmi les fumiers et les détritus végétaux. M. Leder dit l'avoir trouvée sous des pierres dans des endroits déboisés. M. Wollaston l'indique également de Madère et des Canaries.

Obs. Après l'examen de séries très nombreuses d'exemplaires, je suis convaincu que nous avons ici une seule espèce, tantôt entièrement d'un roux ferrugineux (*occultus* Leder, *Lowei* Woll.), tantôt entièrement d'un noir de poix (*niger* Aubé), tantôt enfin plus ou

moins largement rembrunie sur les élytres, avec le reste du corps
d'une teinte plus claire. Les autres différences signalées par M.
Reitter pour séparer le *niger* du *Lowei* sont tout aussi peu valables
que la variété de coloration : le dessin gravé devant la base du corselet est plus ou moins enfoncé, et par suite fait saillir plus ou moins
les espaces intra-linéaires suivant les individus; la très minime diversité dans la proportion des articles antennaires (1) est à peu près in-
saisissable, même à l'aide du microscope, et, si elle existe, peut-
être n'est-elle qu'un caractère sexuel ; enfin la troncature différente
du dernier article de la massue (2), que M. Reitter regarde comme un
signe décisif pour séparer les exemplaires douteux, est absolument
illusoire, car elle dépend, comme je m'en suis assuré par des expé-
riences réitérées, et particulièrement sur des échantillons déterminés
par M. Reitter lui-même, de la position de l'antenne par rapport à
l'observateur. Du reste, le silence de M. Wollaston, dans la révision
dont il a été question ci-dessus (pag. 67, note 1), semble indiquer qu'il
considère le nom inédit de *Lowei* comme s'appliquant à une espèce
déjà connue ; et cette espèce ne peut être que le *niger* dont il fait
une mention expresse.

Le dessin gravé au-devant de la base du corselet suffit pour distinguer le *niger* de l'espèce suivante, avec laquelle il est compris dans
le sous-genre *Calyptobium*. On peut ajouter qu'il est aisément reconnaissable à sa coloration, même lorsque celle-ci présente ses teintes les plus claires.

6. **Holoparamecus [Calyptobium] caularum** Aubé.

*Allongé, légèrement déprimé, d'un testacé clair, luisant. Yeux oc-
cupant presque tout l'espace latéral compris entre l'insertion antennaire et les angles antérieurs du corselet. Antennes de 11 articles*

(1) D'après M. Reitter, les articles 3-8 seraient *subelongati* dans le *niger*,
et *subquadrati* dans le *Lowei* ; chez ce dernier, le 9ᵉ article serait *subtrans-
versus*, tandis qu'il serait *transversim globosus* chez le *niger*.

(2) Cette troncature, oblique dans le *niger*, serait *non* oblique d'après la
diagnose latine, *à peine* oblique d'après le texte allemand, chez le *Lowei*.

dans les 2 sexes (le 9ᵉ subglobuleux, transverse), terminées par une massue ovale distinctement bi-articulée. Corselet un peu moins long que large, cordiforme, orné à sa base de 4 fossettes (les 2 médianes tantôt confluentes, tantôt séparés par une carinule plus ou moins obsolète). Elytres ovales-oblongues, 3 fois plus longues que le prothorax et aussi larges que lui vers leur milieu, avec une strie suturale raccourcie vers le sommet.

Long. : 0ᵐ0009 à 0ᵐ0012 (2′5 à 7/12 lign.) ; — larg. : 0ᵐ0004 (1/6 lig.)

Calyptobium caularum Aubé, Ann. Soc. Ent. Fr. 1843, pag. 244 ; pl. X, fig. 2 ; 5-10. — Motschulsky, Bull. Mosc. 1867. I, page 102.

Holoparamecus caularum J. Duval, Genera Col. II, pl. 58, fig. 289. — Redtenbacher, Faun. Austr. IIIᵉ édit. (1874). 1, pag. 412. — Reitter, Stett. Ent. Zeit. 1875, pag. 307.

Calyptobium Panckouki Guérin, Rev. Zool. 1844, pag. 34.

Calyptobium obtusicorne Motschulsky, Bull. Mosc. 1867. I, pag. 101.

Corps allongé, légèrement déprimé, d'un testacé clair, lisse, glabre et luisant en dessus ; à un fort grossissement, on distingue en dessous quelques points extrêmement fins en ligne transversale sur les segments abdominaux, qui présentent aussi des traces d'une pubescence dorée

Tête à peine moins large que le bord antérieur du corselet, en carré transverse jusqu'aux antennes, puis un peu avancée en se rétrécissant antérieurement. *Front* séparé de l'épistome par une strie arquée, légèrement rembrunie, assez fortement imprimée, qui aboutit de chaque côté à l'insertion antennaire. *Labre* très court, arrondi en devant.

Antennes assez robustes, insérées sous la marge de l'angle antérieur du front, atteignant environ la base du prothorax, composées de 11 articles dans les 2 sexes : les 2 premiers cylindriques, allongés et un peu plus gros que les suivants ; les 3ᵉ à 8ᵉ sont à peine plus longs que larges, et subarrondis ; le 9ᵉ est court, un peu plus épais que les précédents, mais bien distinct de la massue qui est ovale, légèrement aplatie sur les côtés, égale environ aux 3 articles précédents pris ensemble ; elle est bi-articulée avec le 10ᵉ article subhémisphérique, et le 11ᵉ faiblement plus étroit que le précédent, aussi allongé que lui, et tronqué ou subarrondi au sommet, suivant le jour sous lequel on le regarde.

Yeux arrondis, peu saillants, à facettes assez grosses, occupant presque tout le côté de la tête depuis l'insertion antennaire jusqu'au prothorax.

Pronotum un peu moins long que large, cordiforme, arrondi et assez fortement élargi en devant, de sorte que sa plus grande largeur est un peu avant le milieu, à peine carinulé sur la marge latérale, rétréci vers la base presque en ligne droite dans son quart postérieur, coupé droit en devant et en arrière avec les angles antérieurs obtus, émoussés et les postérieurs presque droits ; il est orné, sur sa base, de 4 fossettes : une de chaque côté, et les deux médianes, souvent séparées par une carinule plus ou moins obsolète, qui n'est bien distincte que sous un certain jour, parfois confluentes et formant une impression transverse arquée, derrière laquelle la partie basale est comme boursoufflée et relevée en un épais bourrelet limité, tout-à-fait le long du bord postérieur, par une ligne transversale de points fins, distincts à un fort grossissement.

Ecusson transverse, arrondi.

Elytres ovales-oblongues, ayant 3 fois la longueur du corselet, aussi larges que lui à la base, puis élargies, sans former d'angles huméraux marqués, jusque vers le milieu de leurs côtés où elles égalent la plus grande largeur du prothorax, rétrécies vers l'extrémité qui est subtronquée, arrondie en dehors, à peine émoussée à l'angle sutural, dépassant un peu le dernier segment abdominal ; il existe une fine strie imprimée le long de la suture, se rapprochant de celle-ci au-dessous de l'écusson et vers le sommet des élytres plus que dans son milieu, raccourcie à l'extrémité.

Lame prosternale étroite, linéaire, dépassant les hanches antérieures.

Mésosternum beaucoup plus court que le métasternum, formant entre les hanches médianes une lame tronquée droit au sommet, environ 3 fois plus large que celle du prosternum, peu distinctement et seulement à un certain jour marginée sur les côtés.

Métasternum très allongé, égalant environ les 2 premiers segments de l'abdomen pris ensemble, tronqué droit en devant et en arrière, offrant au milieu un sillon longitudinal plus ou moins finement imprimé et ordinairement rembruni.

Abdomen de 5 segments : le 1er au moins aussi long que les 2 suivants réunis, envoyant entre les hanches postérieures une large saillie

tronquée droit en devant; les 2e, 3e et 4e courts, décroissant un peu de
longueur; le 5e subégal au 1er.

Hanches antérieures légèrement séparées ; les médianes sont environ 3 fois plus distantes entre elles, et les postérieures beaucoup plus
largement encore.

Cuisses assez grêles à la base, épaissies vers l'extrémité. *Tibias* subcylindriques, à peine dilatés au sommet, à peu près droits. *Tarses*
ayant le 1er article à peine plus long que le 2e ; celui-ci court ; le 3e
environ aussi allongé que les deux précédents pris ensemble. *Ongles*
simples.

HABITAT. Cet insecte vit sous des sarclages moisis, ou dans le fumier et principalement dans celui des bergeries, où on le trouve ordinairement en nombre. J'en ai vu des exemplaires recueillis dans
plusieurs contrées de la France (Paris, Touraine, Normandie, etc.)
et de l'Allemagne (Silésie, Bohême et Autriche), dans les îles de la
Méditerranée (Corse et Sicile), dans l'Italie méridionale, en Afrique
(Alger) et en Asie (Beyrouth). M. Wollaston l'a capturé aux Canaries.
C'est donc une espèce répandue dans tout l'ancien monde.

OBS. Constamment d'un testacé pâle qui ne permet pas à l'œil le
moins clairvoyant de la confondre avec la précédente, cette espèce est
d'ailleurs très distincte par le dessin dont la base du prothorax est
ornée.

Le *Calyptobium obtusicorne* Motsch, établi sur des exemplaires
d'Autriche, devrait différer du *caularum* par sa taille un peu plus
grande, les articles 3-9 des antennes très courts, et le dernier article
de la massue antennaire arrondi au sommet, tandis que chez le *caularum* les articles 3-9 seraient suballongés, et le 11e serait obliquement tronqué à l'extrémité. Ces différences sont complètement illusoires, comme il est aisé de le constater par l'examen de séries
nombreuses ; en effet, la forme du dernier article de la massue peut
présenter divers aspects, suivant sa position par rapport à celui qui la
regarde ; et, quant à l'allongement un peu plus accentué des articles
du funicule, ce doit être vraisemblablement un caractère sexuel,
puisqu'on le retrouve chez des insectes capturés en compagnie de

ceux qui ont ces mêmes articles plus courts. Je n'hésite donc pas à regarder l'*obtusicorne* comme synonyme de *caularum*.

Genre *Anommatus*, Wesmaël.

WESMAEL, Bull. Acad. Brux. II; 1836. pag. 338.

Etymologie : *ά* privatif; *ὄμμα*, œil.

CARACTÈRES. *Corps* parallèle. *Front* uni, séparé de l'épistome par une légère strie arquée, teintée de noir. *Antennes* de 10 articles apparents, insérées en dessus aux angles antérieurs du front, et terminées par une forte massue ovale, uni ou bi-articulée. *Yeux* nuls. *Pronotum* en carré, ponctué plus ou moins en séries, finement rebordé sur les côtés. *Ecusson* nul. *Elytres* parallèles, tronquées droit à la base avec les angles huméraux bien marqués, ponctuées-striées. *Prosternum* très étroit et parfois à peine distinct entre les hanches antérieures. *Mésosternum* sans carènes, ni sillon. *Métasternum* uni, tronqué à peu près droit entre les hanches médianes, échancré au milieu entre les hanches postérieures par la saillie intercoxale du 1er segment de l'abdomen. *Hanches* antérieures subcontiguës, les médianes faiblement écartées, les postérieures assez notablement. *Mésopleures* tantôt aussi allongées, tantôt plus courtes que les métapleures. *Abdomen* de 5 segments : le 1er le plus long, les 3 suivants courts, diminuant de longueur, le dernier plus long que le 4e. *Pattes* assez robustes : cuisses courtes et épaisses; tibias un peu dilatés en triangle, offrant sur le tiers apical de leur tranche externe une série d'épines courtes. *Tarses* ayant leurs 2 premiers articles très petits, égaux; le 3e dépasse la longueur des 2 précédents réunis.

OBS. Entre tous les Mérophysiaires, ce genre se distingue par sa forme nettement parallèle, qui le rapproche des *Langelandia* placées pour ce motif en tête de la seconde branche. Il a aussi les antennes insérées à découvert sur le front, caractère qu'il partage seulement avec les *Neoplotera*; mais celles-ci sont en ovale court, et leurs antennes ne sont composées que de 8 articles. L'absence des yeux et de l'écusson, l'insertion antennaire et la ponctuation sériale des élytres le séparent très bien des *Holoparamecus*.

Les entomologistes que n'effraie pas la multiplication excessive des coupes génériques pourront, comme l'a fait du reste M. Reitter (Stett. Ent. Zeit. 1876, pag. 50), séparer sous le nom d'*Abromus* un petit insecte ayant le faciès et les mœurs des *Anommatus*, mais en différant par plusieurs caractères assez tranchés. Pour moi, j'ai cru pouvoir, sans inconvénient, le rattacher au genre actuel, où il formera une simple division; car il ne me paraît pas plus éloigné des *Anommatus* que les *Tomyrium* et les *Calyptobium* ne le sont des *Holoparamecus*, auxquels on s'accorde généralement à les réunir.

Voici le tableau que je propose pour la détermination de nos espèces françaises :

A. *3ᵉ article des antennes* allongé, les 6 suivants courts et
serrés. *Massue* globuleuse uni-articulée *Mésopleures*
subégales aux métapleures. *Saillie intercoxale* du 1ᵉʳ
segment de l'abdomen assez large et tronquée ou
subarrondie au bout. (s-g. *Anommatus* Wesmael).

  a. *Corselet* un peu plus long ou aussi long que large.

    b. *Six séries* de points sur chaque étui, la série suturale
aussi fortement ponctuée que les 2 ou 3 suivantes.

      c. *Pronotum* un peu plus long que large, à ponctuation
plus forte, avec l'espace longitudinal médian plus
ou moins élevé. . . . . 12-STRIATUS.

      cc. *Pronotum* aussi long que large, à ponctuation
moins forte, avec l'espace longitudinal médian
non élevé. . . . . PUSILLUS.

    bb. *Sept séries* de points sur chaque étui ; la série suturale
à ponctuation plus faible que les 2 ou 3 suivantes.
Corps subdéprimé. . . . . DIECKI.

  aa. *Corselet* un peu plus court que large. *Corps* subdéprimé.
Sept séries de points sur chaque étui. . . . . PLANICOLLIS.

AA. *3ᵉ article des antennes* aussi court que chacun des 5 suivants. *Massue* composée de 2 articles très serrés.
Mésopleures plus courtes que les métapleures. *Saillie*

intercoxale du 1er segment de l'abdomen assez
étroite, s'avançant en pointe à peine émoussée.
(s-g. *Abromus* Reitter). . . . . BRUCKI.

1. **Anommatus 12-striatus** MULLER.

*Oblong, parallèle, subconvexe, ferrugineux ou roux-testacé, luisant.
Antennes ayant leurs 3 premiers articles allongés, les 6 suivants
courts et serrés, le 10e formant une grosse massue allongée, arrondie
à la base et au sommet. Corselet en carré plus long que large, très légèrement rétréci vers la base, avec les angles obtus, couvert d'une
ponctuation subsériale assez forte, qui laisse au milieu un espace
longitudinal lisse, plus ou moins élevé ; disque non aplati. Elytres à
peine 2 fois plus longues que le corselet, assez fortement ponctuées-
striées ; il y a sur chaque étui 6 séries de points qui s'oblitèrent vers
l'extrémité ; la série suturale est aussi fortement ponctuée que les 2 ou
3 suivantes. Saillie intercoxale du 1er segment de l'abdomen en lame
assez large et subtronquée.*

Long. : 0ᵐ0015 à 0ᵐ0018 [2/3 à 4/5 lign.] ; — larg. : 0ᵐ0005 à 0ᵐ0006
[1/4 à 2/7 lig.]

Anommatus 12-striatus MULLER, Germ. Mag. IV, 190. — ERICHSON, Nat.
 Ins. III, pag. 286. — Jacq. DUVAL, Genera. Col. II, pl. 58, fig. 287. —
 REITTER, Stett. Ent. Zeit. 1875, pag. 311.
Anommatus obsoletus STEPHENS, Ill. Brit. III, 98.
Anommatus terricola WESMAEL, Bull. Acad. Brux. II. 339, pl. 4.
Anommatus Baudii REITTER, Mittheil. Münch. Ver. 1877, pag. 27.

Corps oblong, parallèle, subconvexe, luisant, ferrugineux ou d'un
roux-testacé, offrant sur les côtés quelques cils raides espacés, distincts
seulement à un fort grossissement ; en dessus, des poils dorés, courts
et imperceptibles à l'œil nu, s'élèvent du fond de chacun des points.

Tête moins large que le bord antérieur du corselet, médiocrement
allongée en s'atténuant vers le devant, à ponctuation éparse mais bien
distincte. *Front* séparé de l'épistome par une fine strie semi-circulaire,
légèrement rembrunie, qui aboutit de chaque côté à l'insertion antennaire. *Labre* court, transverse, cilié en devant, légèrement arrondi
aux angles antérieurs.

Antennes assez robustes, insérées en dessus à l'angle latéral du front, courtes, ne dépassant guère le milieu du corselet, composées de 10 articles apparents: le 1er très gros, claviforme, à peu près de même longueur que le 2e; celui-ci subcylindrique, un peu moins épais que le précédent, mais cependant plus gros que les articles du funicule; le 3e allongé, comme les articles précédents, égalant environ les articles 4 et 5 réunis; les 4e à 9e assez serrés, transverses, subglobuleux; le 9e légèrement plus large; le 10e formant une massue solide ovale, presque aussi longue que les 4 articles précédents pris ensemble.

Yeux nuls.

Pronotum en carré distinctement plus long que large, coupé droit en devant avec les angles légèrement émoussés, très finement relevé en marge caréniforme rembrunie sur les côtés qui sont presque en ligne droite et se rétrécissent très peu vers la base avec les angles postérieurs obtus; la ponctuation est assez forte, presque en séries, laissant au milieu un espace longitudinal lisse très distinct, qui paraît plus ou moins saillant suivant le degré d'enfoncement des points; la base est tantôt presque lisse, tantôt crénelée plus ou moins fortement par la ponctuation; la courbure du disque paraît continue, et n'offre aucune dépression spéciale.

Ecusson nul.

Elytres tronquées droit à la base, avec les angles huméraux bien marqués, à côtés parallèles, à peine 2 fois aussi longues que le corselet, environ aussi larges à la base que le bord postérieur de celui-ci, arrondies ensemble à l'extrémité et recouvrant en entier l'abdomen; elles sont assez fortement ponctuées-striées, chaque étui offrant seulement six séries de points qui s'effacent vers l'extrémité; la série suturale est aussi fortement ponctuée que les discales, mais les latérales sont moins marquées que les autres; le repli épipleural, très finement marginé, est médiocre, légèrement plus large au début, puis à peine retréci et se terminant vers le 5e arceau ventral.

Lame prosternale indistincte, enfouie entre les hanches antérieures, au devant desquelles la saillie médiane de la poitrine présente une échancrure en arc de cercle; quelques points grossiers, mais obsolètes, sont épars sur les propleures.

Mésosternum sans carènes latérales, presque aussi long que le métasternum, assez grossièrement ponctué, bien que les points soient souvent peu enfoncés ; il s'avance en plaque médiocre, tronquée entre les hanches intermédiaires.

Métasternum sans sillon longitudinal médian, n'égalant pas en longueur le 1er segment abdominal, s'avançant en plaque médiocre et tronquée entre les hanches intermédiaires, assez distinctement et largement échancré au milieu par la saillie intercoxale qui sépare les hanches postérieures, couvert d'une ponctuation grossière, quoique peu enfoncée, comme celle du mésosternum.

Abdomen de 5 segments : le 1er au moins aussi long que les 2 suivants réunis, à ponctuation grossière, semblable à celle des méso- et méta-sternums; envoyant entre les hanches postérieures une saillie assez large, subarrondie en devant ; les 2e, 3e et 4e arceaux sont courts, diminuant légèrement de longueur, sans ponctuation, ou tout au plus avec une ligne transverse de points pilifères vers le tiers apical de chacun d'entre eux ; le 5e est également lisse, mais il est distinctement plus long que le précédent.

Hanches antérieures subcontiguës; les médianes sont distinctement mais faiblement écartées ; les postérieures sont assez notablement distantes.

Cuisses courtes, robustes. *Tibias* légèrement dilatés en triangle de la base au sommet, offrant sur le tiers apical de leur tranche externe quelques épines plus fortes à mesure qu'elles se rapprochent de l'extrémité, avec l'éperon interne robuste. *Tarses* ayant leurs 2 premiers articles très courts, égaux ; le 3e surpasse très notablement en longueur les 2 autres pris ensemble. *Ongles* simples.

Habitat. Cette espèce, très commune et vivant d'ordinaire en petites colonies plus ou moins nombreuses, se prend au pied des pieux fichés en terre ; on l'a également rencontrée dans des caves, sous de vieux morceaux de bois, et sous des pierres enfoncées dans le sol humide. J'en ai vu des échantillons de provenances très diverses en Angleterre, Belgique, Allemagne, Italie, France et Corse, et je pense qu'elle doit habiter toute l'Europe centrale et méridionale.

Obs. — *L'Anommatus 12-striatus* (qui est le *Cerylon perforatum* Dejean) forme avec les 3 suivants un groupe très facile à distinguer du sous-genre *Abromus* par la structure de ses antennes, par la cour

bure uniforme du disque prothoracique, par les mésopleures subégales
aux métapleures, et par la largeur de la saillie intercoxale du 1ᵉʳ
arceau de l'abdomen.

Son corselet est plus allongé que celui de ses congénères, et surtout que celui du *planicollis*. La présence de six séries ponctuées
seulement sur chaque étui et la forme du corps un peu plus convexe
le séparent encore de ce dernier et du *Diecki*. Il est ordinairement de
taille un peu plus avantageuse que le *pusillus*, auquel il ressemble
du reste tellement que je ne serais nullement surpris de leur identité ;
car, toutes les fois qu'il m'a été possible d'examiner un nombre assez
considérable d'insectes appartenant à une espèce hypogée, j'ai rencontré une très grande variabilité dans la ponctuation qui va parfois
jusqu'à s'effacer presque entièrement, tandis que chez d'autres individus elle est si profondément marquée qu'elle fait saillir les espaces
intermédiaires, ou dessine des crénelures sur les marges. De là vient
une différence de faciès bien tranchée entre les extrêmes, mais
n'ayant aucune valeur spécifique.

M. Reitter a séparé sous le nom d'*Anommatus Baudii* un insecte
trouvé à Turin, qui a, comme le *12-striatus*, et le *pusillus* six séries
de points seulement sur chaque étui ; il se distinguerait de ces deux
espèces par une échancrure assez forte de chaque côté de la base prothoracique, et par l'espace lisse médian du pronotum plus étroit et
moins saillant. Ce dernier caractère me paraît absolument illusoire
pour le motif que je viens d'indiquer. Quant à l'échancrure basale,
il faut, je crois, l'attribuer uniquement à un développement exagéré
de la crénulation, plusieurs des points devenant confluents. J'ai vu en
effet, parmi un assez grand nombre d'*A. 12-striatus* recueillis dans le
département du Tarn sur un seul et même pieu fiché en terre, quelques individus offrant une semblable particularité et répondant complètement à la description de l'*A. Baudii*. En l'absence d'un type authentique, je ne veux point toutefois me prononcer d'une manière
absolue, et je me borne à signaler cette synonymie comme vraisemblable.

2. **Anommatus pusillus** SCHAUFUSS.

Oblong, parallèle, subconvexe, ferrugineux ou roux-testacé, lui
sant. Antennes ayant leurs 3 premiers articles allongés, les 6 sui-

vants courts et serrés, le 10° formant une grosse massue allongée, arrondie à la base et au sommet. Corselet en carré guère plus long que large, à peine rétréci vers la base, avec les angles obtus, couvert d'une ponctuation pas très forte, qui laisse au milieu un espace longitudinal lisse, non élevé; disque non aplati. Elytres à peine 2 fois plus longues que le corselet, assez fortement ponctuées-striées; il y a sur chaque étui six séries de points qui s'oblitèrent vers l'extrémité; la série suturale est aussi fortement ponctuée que les 2 ou 3 suivantes. Saillie intercoxale du 1er segment de l'abdomen en lamè assez large et subtronquée.

Long. : 0ᵐ0015 à 0ᵐ0016 [2/3 lign.]; — larg. : 0ᵐ0005 [1/4 lign.]

Anommatus pusillus Schaufuss, Sitz. Gesellsch. Isis, 1861, pag. 49. — Reitter. Stett. Ent. Zeit. 1875, pag. 311.

Corps oblong, parallèle, subconvexe, luisant, ferrugineux ou d'un roux-testacé, offrant sur les côtés quelques cils raides espacés, distincts seulement à un fort grossissement ; en dessus, des poils dorés, courts et imperceptibles à l'œil nu, s'élèvent du fond de chacun des points.

Tête moins large que le bord antérieur du corselet, médiocrement allongée en s'atténuant vers le devant, à ponctuation éparse, mais assez distincte. *Front* séparé de l'épistome par une fine strie semi-circulaire, légèrement rembrunie, qui aboutit de chaque côté à l'insertion antennaire. *Labre* court, transverse, cilié en devant, légèrement arrondi aux angles antérieurs.

Antennes assez robustes, insérées en dessus à l'angle latéral du front, courtes, ne dépassant guère le milieu du corselet, composées de 10 articles apparents : le 1er gros, très renflé, à peu près de même longueur que le 2° ; celui-ci subcylindrique, un peu moins épais que le précédent, mais pourtant plus gros que les articles du funicule; le 3° article allongé comme les précédents, égalant environ les 4° et 5° réunis; les 4° à 9° assez serrés, transverses; le 9° à peine plus épais que les précédents ; le 10° formant une massue solide, ovale, presque aussi longue que les 4 articles précédents pris ensemble.

Yeux nuls.

Pronotum en carré guère plus long que large, coupé droit en

devant avec les angles légèrement émoussés, très finement relevé en
marge caréniforme rembrunie sur les côtés qui sont presque en ligne
droite et se rétrécissent à peine vers la base, avec les angles postérieurs obtus ; la ponctuation n'est pas très forte, en séries, laissant
au milieu un espace longitudinal lisse, distinct, nullement saillant; la
base paraît sub-crénelée chez quelques individus par une ponctuation
peu rapprochée, qui n'existe pas chez d'autres ; la courbure du
dessus est continue, et n'offre aucune dépression spéciale.

Ecusson nul.

Elytres tronquées droit à la base, avec les angles huméraux bien
marqués, à côtés parallèles, à peine 2 fois plus longues que le corselet, environ aussi larges à la base que le bord postérieur de celui-ci,
arrondies ensemble à l'extrémité et recouvrant en entier l'abdomen ;
elles sont assez fortement ponctuées-striées, chaque étui offrant seulement six séries de points qui s'effacent vers l'extrémité ; la série
suturale est aussi fortement ponctuée que les discales, mais les latérales sont moins marquées que les autres ; le repli épipleural, très
finement marginé, est médiocre, légèrement plus large au début,
puis à peine rétréci et se terminant vers le 5° arceau ventral.

Lame prosternale indistincte, enfouie entre les hanches antérieures,
au devant desquelles la saillie médiane de la poitrine présente une sorte
d'échancrure en arc de cercle ; quelques points grossiers, mais obsolètes, sont épars sur les propleures.

Mésosternum sans carènes latérales, à peine aussi long que le métasternum, couvert de quelques points grossiers mais obsolètes, s'avançant en plaque médiocre, tronquée entre les hanches intermédiaires.

Métasternum sans sillon longitudinal médian, n'égalant pas en longueur le 1er segment abdominal, s'avançant en plaque médiocre et
tronquée entre les hanches intermédiaires, assez distinctement et
largement échancré au milieu par la saillie intercoxale qui sépare
les hanches postérieures, couvert d'une ponctuation grossière, éparse,
peu enfoncée, et obsolète, comme celle du mésosternum.

Abdomen de 5 segments : le 1er au moins aussi long que les 2 suivants
réunis, à ponctuation grossière semblable à celle des méso-méta-ster-
nums ; et envoyant entre les hanches postérieures une saillie assez
large, subarrondie en devant : les 2°, 3° et 4° arceaux sont courts, dimi-

nuant légèrement de longueur, à peu près sans ponctuation ; le 5° lisse, distinctement plus long que le précédent.

Hanches antérieures subcontiguës ; les médianes distinctement quoique faiblement écartées; les postérieures assez notablement. distantes.

Cuisses courtes, robustes. *Tibias* légèrement dilatés en triangle de la base au sommet, offrant sur le tiers apical de leur tranche externe quelques épines plus fortes à mesure qu'elles se rapprochent de l'extrémité, avec l'éperon interne robuste. *Tarses* ayant leurs 2 premiers articles très courts, égaux ; le 3° surpasse notablement en longueur les 2 autres pris ensemble. *Ongles* simples.

HABITAT. Cette espèce, découverte aux environs de Dresde (Saxe) vit comme le *12-striatus.* Parmi les exemplaires peu nombreux que j'ai eu l'occasion d'examiner, aucun n'avait été pris en France; je regarde néanmoins comme très probable sa présence dans notre région faunique. J'en ai vu aussi (collection de M. E. Revelière) deux échantillons provenant d'Andalousie.

OBS. Extrêmement voisin de l'*A. 12-striatus,* dont il pourrait bien n'être qu'une race plus petite, le *pusillus* paraît s'en distinguer par sa forme générale un peu plus courte, par son corselet à peine plus long que large, et par quelques légères différences dans la ponctuation prothoracique. En maintenant ici leur séparation, je crois devoir déclarer que ma conviction à cet égard n'est pas entière; d'après l'analogie, je serais plutôt porté à croire qu'il s'agit d'une seule et même espèce, mais ne pouvant appuyer ce jugement sur l'observation directe, puisque d'une part je n'ai jamais capturé le *pusillus,* et que de l'autre je n'ai eu entre les mains qu'un très petit nombre d'exemplaires, j'ai préféré adopter provisoirement l'opinion admise par les auteurs.

3. **Anommatus Diecki** REITTER.

Oblong, parallèle, subdéprimé, d'un roux testacé luisant. Antennes ayant leurs 3 premiers articles allongés, les 6 suivants courts et serrés, le 10° formant une grosse massue arrondie à la base et au sommet. Corselet en carré aussi long que large, à ponctuation peu dense, assez forte, laissant au milieu un espace longitudinal lisse, non élevé ; disque non aplati. Elytres environ 2 fois plus longues que le corselet, assez fortement ponctuées-striées ; il existe 7 séries sur chaque étui ; les points sont assez écartés entre eux, et s'oblitèrent vers l'extrémité ; les séries latérales et la suturale sont plus faibles que les autres. (1)

Long. : 0^m0015 (2/3 lign.)

Anommatus Diecki Reitter, Stett. Ent. Zeit. 1875, pag. 312

Habitat. Trouvé en Corse par M. le Dr G. Dieck.

Obs. Sa forme subdéprimée et les 7 séries ponctuées de chaque étui l'éloignent des 2 précédents et le rapprochent de l'*A. planicollis* ; mais il diffère principalement dé ce dernier par son corselet carré, à espace lisse médian plus large, avec le bord postérieur distinctement crénelé, par ses élytres plus courtes, atteignant à peine 2 fois la longueur du prothorax, et offrant une ponctuation sériale moins forte ; la série suturale serait en outre moins prononcée que les 2 ou 3 suivantes.

4. **Anommatus planicollis** Fairmaire.

Oblong, parallèle, subdéprimé, roux-testacé, luisant. Antennes ayant leurs trois premiers articles allongés, les 6 suivants serrés et très courts, le 10e formant une grosse massue allongée, arrondie à la base et au sommet. Corselet en carré transverse, légèrement rétréci vers la base en s'arrondissant latéralement, avec les angles postérieurs obtus ; couvert d'une ponctuation fine, à peine en séries ; disque non

(1) Tous les insectes qui m'ont été communiqués sous le nom d'*An. Diecki* appartiennent en réalité à l'*An. 12-striatus* ; aussi, ne connaissant pas en nature l'espèce de Corse, je ne puis en donner une description détaillée, et je me suis borné à emprunter à M. Reitter les éléments de la diagnose ci-dessus, ainsi que l'énumération des caractères qui peuvent servir à les séparer de ses congénères. C'est seulement par analogie que je lui attribue la structure antennaire et les autres marques distinctives du premier groupe, M. Reitter n'en ayant pas fait mention.

aplati. Elytres pas tout à fait 2 fois aussi longues que le corselet, fortementponctuées-striées; il existe sur chaque étui 7 séries de points qui s'oblitèrent vers l'extrémité. Saillie intercoxale du 1er segment de l'abdomen en lame assez large et subtronquée.

Long.: 0m0012 à 0m0015 (3/5 à 2/3 lign.); — larg.: 0m0006 (2/7 lign.)

Anommatus pla icollis Fairmaire, Stett. Ent. Zeit. 1869, pag. 49.

Anommatus Linderi Perris (1). — Reitter, Stett. Ent. Zeit. 1875, pag. 312.

Corps oblong, parallèle, subdéprimé, luisant, roux-testacé, offrant sur les côtés quelques cils raides espacés, distincts seulement au microscope; en dessus, des poils dorés, très courts et imperceptibles à l'œil nu, s'élèvent du fond de chaque point.

Tête moins large que le bord antérieur du corselet, médiocrement allongée en s'atténuant vers le devant, à ponctuation éparse, mais bien distincte à la loupe. *Front* séparé de l'épistome par une fine strie semi-circulaire légèrement rembrunie, qui aboutit de chaque côté à l'insertion antennaire. *Labre* court, transverse, cilié en devant, légèrement arrondi aux angles antérieurs.

Antennes assez robustes, insérées en dessus à l'angle latéral du front, courtes, ne dépassant guère le milieu du corselet, composées de 10 articles apparents : le 1er gros, très renflé, à peu près de même longueur que le 2e; celui-ci un peu moins épais que le précédent, mais cependant plus gros que les articles du funicule; le 3e subégal au 2e, plus mince ainsi que les 6 articles suivants ; ceux-ci transverses, un peu globuleux, surtout les 8e et 9e; ce dernier est à peine plus large; le 10e en massue solide ovale, presque aussi longue que les 4 articles précédents pris ensemble.

Yeux nuls.

Pronotum en carré transverse, coupé droit en devant avec les angles légèrement émoussés, subarrondi latéralement et très finement relevé en marge caréniforme rembrunie, avec les angles postérieurs obtus;

(1) Malgré toutes mes recherches et les demandes adressées à plusieurs savants entomologistes qui ont bien voulu m'aider de leurs conseils, il m'a été impossible de savoir dans quel ouvrage ou dans quelle revue M. Perris a publié cette espèce ; j'incline donc à penser que c'est là un nom *in litteris*.

la ponctuation est assez fine, pas très dense, à peine en séries, ne crénelant pas la base et ne laissant presque point au milieu d'espace longitudinal lisse; le disque n'offre point une dépression spéciale.

Ecusson nul.

Elytres tronquées droit à la base, avec les angles huméraux bien marqués, à côtés parallèles, pas tout à fait 2 fois aussi longues que le corselet, à peine plus larges à la base que le bord postérieur de celui-ci, arrondies ensemble à l'extrémité et recouvrant en entier l'abdomen; elles sont fortement ponctuées striées, chaque étui offrant 7 séries de points qui s'effacent vers l'extrémité; la 7e strie à partir de la suture est moins distincte que les autres (1); le repli épipleural, très finement marginé, est médiocre, légèrement plus large au début, puis à peine rétréci, et se terminant vers le 5e arceau ventral.

Lame prosternale distincte entre les hanches antérieures sous la forme d'une carène étroite; la poitrine est marquée de quelques points très épars, pas très profonds.

Mésosternum sans carènes latérales, guère plus court que le métasternum, assez densément et très fortement ponctué, s'avançant en plaque médiocre, tronquée entre les hanches intermédiaires.

Métasternum sans sillon longitudinal médian, n'égalant pas en longueur le 1er segment abdominal, s'avançant en plaque médiocre et tronquée entre les hanches intermédiaires, assez distinctement et largement échancré au milieu par la saillie intercoxale qui sépare les hanches postérieures, couvert d'une ponctuation assez dense et très forte, comme celle du mésosternum.

Abdomen de 5 segments : le 1er au moins aussi long que les 2 suivants réunis, éparsement mais grossièrement ponctué, surtout sur la saillie qu'il envoie entre les hanches postérieures; cette saillie est assez large et tronquée ou subarrondie au bout; les 2e, 3e et 4e sont courts, diminuant insensiblement de longueur, sans ponctuation distincte; le 5e est également lisse, mais il est plus allongé que le 4e.

Hanches antérieures très faiblement distantes ; les médianes s'écartent un peu plus, et les postérieures encore davantage.

---

(1) M. Reitter indique également la série suturale comme moins marquée ; chez les exemplaires que j'ai examinés, elle m'a paru tout aussi forte que les suivantes.

Cuisses courtes, robustes. *Tibias* légèrement triangulaires, les antérieurs offrant sur le tiers apical de leur tranche externe quelques épines plus fortes à mesure qu'elles se rapprochent du sommet, avec l'éperon interne robuste. *Tarses* ayant les 2 premiers articles très courts, égaux ; le 3ᵉ surpasse de beaucoup la longueur des 2 précédents pris ensemble. *Ongles* simples.

Habitat. Cette espéce se prend à Nice sous les pierres profondément enfoncées dans le sol humide. Elle doit probablement se rencontrer, comme l'*An. 12-striatus* à la base des pieux fichés en terre. M. E. Revelière a bien voulu me communiquer 2 exemplaires recueillis par Linder lui-même, et j'en ai vu plusieurs autres dans diverses collections, mais tous proviennent de la même localité.

Obs. Par sa forme subdéprimée, son corselet nettement plus large que long, et les séries ponctuées de chaque élytre au nombre de sept, l'*A. planicollis* est très reconnaissable entre toutes les espèces du même groupe. Il a toutefois une grande ressemblance avec l'*An. Diecki*, qui partage avec lui le 1ᵉʳ et le 3ᵉ de ces caractères, mais le 2ᵉ lui est propre. M. Reitter signale en outre quelques autres différences secondaires, sur la valeur desquelles je ne puis me prononcer, ne connaissant pas l'*An. Diecki* : ces différences consisteraient en ce que, chez l'*An. planicollis*, les élytres sont plus longues proportionnellement avec leurs séries ponctuées plus fortes, le bord postérieur du prothorax est à peine crénelé, offrant seulement une série transversale de points médiocres mais assez rapprochés, et la partie dorsale lisse est un peu envahie par la ponctuation, ou moins distinctement délimitée.

Bien que la diagnose latine de M. le Dʳ Fairmaire ne mentionne pas le nombre des séries ponctuées des élytres, les expressions « *supra depressiusculus....... prothorace latiore* » me paraissaient indiquer assez clairement qu'on ne pouvait rapporter cette espèce au *pusillus* Schauf et qu'il fallait plutôt y voir celle que M. Reitter venait de décrire sous le nom traditionnel de *Linderi* Perris. Sur ma demande, M. L. Bedel a eu l'obligeance d'examiner les types conservés dans la collection de M. le Dʳ Fairmaire, et il a constaté que ces insectes, provenant de Nice où ils ont été recueillis par Linder, sont

complètement identiques avec les exemplaires de même source, auxquels s'applique la description de M. Reitter. Il faut donc, en vertu
du droit de priorité, désigner l'espèce actuelle sous le nom de *planicollis* Fairm.

5. **Anommatus (Abromus) Brucki** Reitter.

*Allongé, parallèle, subdéprimé, testacé, luisant. Antennes ayant
les 2 premiers articles très dilatés, les 6 suivants serrés et très courts ;
la massue grosse, presque sphérique, composée de 2 articles très serrés.
Corselet en carré long, à peine rétréci vers la base, avec les angles
postérieurs arrondis, aplati sur le disque, couvert d'une ponctuation
nette quoique peu enfoncée. Elytres environ 2 fois plus longues que
le corselet, assez fortement ponctuées en séries, les points devenant
plus faibles vers le sommet. Saillie intercoxale du 1er segment de
l'abdomen en pointe assez aiguë.*

Long. : 0^m0007 (1/3 lign.) ; — larg. : 0^m0002 (1/12 lign.)

Abromus Brucki Reitter, Stett. Ent. Zeit. 1876, pag. 51.

Corps allongé, parallèle, déprimé, luisant, d'un testacé clair, offrant
sur les côtés quelques cils raides espacés, distincts seulement au
microscope ; un poil doré, très court et imperceptible à l'œil nu,
s'élève du fond de chaque point à la surface des élytres.

Tête à peu près de la largeur du corselet, en carré allongé, éparsement mais assez fortement ponctuée. *Front* séparé de l'épistome par
une fine strie semi-circulaire légèrement rembrunie qui aboutit de
chaque côté à l'insertion antennaire. *Labre* très court, transverse, à
peine distinct.

Antennes assez robustes, insérées en dessus au bord latéral du
front, courtes, atteignant à peine la moitié du corselet, composées de
10 articles, apparents seulement à l'aide d'un très fort grossissement :
les 2 premiers les plus allongés, très dilatés, le 2e est un peu moins
long et à peine moins épais que le 1er ; atténué vers la base, il est
subglobuleusement renflé au bout ; les 6 suivants très courts, très
serrés, légèrement arrondis, formant un funicule plus mince ; le 9e et
le 10e, quoique très serrés, sont distincts et composent une massue

presque sphérique, environ aussi longue que les 3 articles précédents réunis.

Yeux nuls.

Pronotum en carré, nettement plus long que large, coupé droit en devant avec les angles légèrement émoussés, subcrénelé sur les côtés et très finement relevé en marge caréniforme un peu rembrunie, avec les angles postérieurs arrondis ; la ponctuation est assez forte mais peu enfoncée, aciculée, éparse, ne crénelant pas la base et ne laissant presque point au milieu d'espace longitudinal lisse ; le disque est visiblement déprimé.

Ecusson nul.

Elytres allongées, tronquées droit à la base, avec les angles huméraux bien marqués, à côtés parallèles, environ 2 fois plus longues que le corselet, à peine plus larges à la base que le bord postérieur de celui-ci, arrondies ensemble à l'extrémité et recouvrant en entier l'abdomen ; elles sont couvertes d'une ponctuation sériale assez forte à la base, formant 6 lignes de chaque côté entre la suture et l'épaule (sur la déclivité latérale, il m'a semblé en apercevoir une 7ᵉ obsolète) ; les points s'effacent à mesure qu'ils se rapprochent du sommet ; le repli épipleural est large seulement sous les épaules, assez étroit le long de l'abdomen jusque vers le 5ᵉ arceau, où il ne forme plus qu'une tranche.

Lame prosternale à peine distincte entre les hanches antérieures, en avant desquelles elle est sensiblement déprimée.

Mésosternum court, sans carènes latérales, paraissant avancé en pointe entre les hanches médianes qu'il sépare légèrement. *Mésopleures* plus courtes que les métapleures.

Métasternum uni, sans sillon longitudinal médian, n'égalant pas tout à fait le 1ᵉʳ segment abdominal, s'avançant à peine en angle entre les hanches médianes, coupé droit et presque insensiblement échancré par l'extrême pointe de la saillie intercoxale qui sépare les hanches postérieures ; à un très fort grossissement, on distingue quelques points épars au milieu d'un guillochis extrêmement fin.

Abdomen de 5 segments, obsolètement et très éparsement ponctués : le 1ᵉʳ est plus long que les 2 suivants réunis ; les 2ᵉ, 3ᵉ et 4ᵉ sont courts et subégaux ; le 5ᵉ surpasse un peu en longueur le précédent.

Hanches antérieures et médianes à peine distantes ; les postérieures plus nettement séparées.

Cuisses courtes, robustes ; *tibias* légèrement triangulaires, armés vers le sommet de leur tranche externe de quelques épines visibles seulement au microscope. *Tarses* ayant les 2 premiers articles courts, le 2ᵉ un peu plus que le 1ᵉʳ ; le 3ᵉ égale en longueur les 2 précédents pris ensemble. *Ongles* simples.

HABITAT. Trouvé à Banyuls-sur-mer (Pyrénées-Orientales) par Michel Nou, cet insecte rarissime paraît vivre sous des pierres profondément enfoncées dans le sol humide. M. Reitter dit en avoir vu quelques échantillons qui se trouvent actuellement dans la collection de M. Vom Bruck. J'ai pu examiner quatre exemplaires : trois appartenaient à M. R. Oberthür, qui a eu la générosité de m'en abandonner un pour ma collection ; le 4ᵉ m'a été communiqué par M. Bedel.

OBS. — Cette espèce, dont le faciès rappelle dans de minimes proportions celui des *Langelandia*, fait très bien le passage entre la première et la seconde branche, mais ses caractères essentiels le rattachent aux Mérophysiaires, et parmi ceux-ci, au genre *Anommatus*. Elle est très distincte de toutes ses congénères par la structure de ses antennes et par d'autres détails morphologiques de moindre importance. Sa taille microscopique et proportionnellement plus étroite suffit du reste, ainsi que l'aplatissement sensible du pronotum au milieu, à la faire reconnaître au premier coup d'œil.

DEUXIÈME BRANCHE **Lathridiaires**.

CARACTÈRES. *Corps* généralement ovalaire, parfois allongé, n'offrant une forme parallèle que dans un seul genre. La couleur est plus ou moins uniformément testacée, ferrugineuse ou noire. La pubescence manque le plus souvent ; parfois néanmoins elle se montre sous forme de petites soies hérissées sur les élytres. La ponctuation est très distincte, surtout sur les élytres, où elle est sérialement disposée. *Front* inégal, plus ou moins rugueux, parfois tuberculé, souvent canaliculé au milieu, un peu plus élevé que l'épistome qui est déprimé, transverse et arqué. *Massue des antennes* au moins bi-articulée, mais le plus souvent composée de trois articles séparés. *Prosternum* distinct, laminiforme ou caréniforme, rarement presque interrompu au milieu, séparant plus ou moins les hanches antérieures.

Les espèces de notre région faunique peuvent se distribuer dans les genres suivants :

Corps plus ou moins ovalaire ou elliptique. *Des yeux* distincts. *Antennes* insérées en dessus aux angles antérieurs du front.

    allongé, parallèle. Point d'*yeux*. *Antennes* insérées latéralement sous le rebord marginal de la tête. . . .   LANGELANDIA.

Yeux supérieurs. *Antennes* de 9-10 articles avec la massue bi-articulée, logée au repos dans une fossette sous les angles antérieurs du corselet . . . .   METOPHTHALMUS.

latéraux. *Antennes* toujours de 11 articles, même lorsque la massue est bi-articulée.

    Des *carènes* longitudinales sur le disque du corselet. *Antennes* insérées à peu de distance des yeux; *ceux-ci* gros. *Elytres* offrant 8 séries de points . .   LATHRIDIUS.

Corselet sans côtes longitudinales sur le disque, mais souvent orné de fossettes. *Elytres*

non soudées, ni gibbeuses, offrant chacune seulement 6-8 séries ponctuées.

    Corps allongé, déprimé. *Tête* plus longue que large, avec les *yeux* petits et les *antennes* insérées assez loin au devant de ceux-ci. *Corselet* ordinairement sans fossette sur la moitié antérieure du disque . . . .   CARTODERE

    convexe. *Tête* aussi longue que large, avec les *yeux* gros et les *antennes* insérées souvent à peu de distance au devant de ceux-ci. *Corselet* plus ou moins creusé de fossettes longitudinales sur le milieu du disque . . . .   ENICMUS.

soudées, gibbeuses, offrant chacune une douzaine de stries ponctuées irrégulières. *Tête* allongée, avec les *yeux* assez petits, et les *antennes* insérées assez loin au devant de ceux-ci. *Corselet* sans fossette sur la moitié antérieure du disque. .   REVELIERIA.

Obs. L'ancien genre *Lathridius* contenait un nombre assez considérable d'espèces disparates, auxquelles la formule générique ne pouvait s'appliquer que d'une manière très incomplète. Il était indispensable de le diviser en groupes. M. Thomson l'a entrepris *(Skandinav. Coleopt.)* et, avec cette habileté d'investigation minutieuse qui l'a rendu justement célèbre dans le monde entomologique, il a parfaitement saisi les rapports et les dissemblances utiles à la classification. Toutefois, il me paraît avoir dépassé le but par la trop grande multiplicité des coupes génériques; je n'ai donc adopté qu'en partie ses divisions, comme on le voit par le tableau ci-dessus, et j'ai relégué au rang de simples sous-genres celles qui ne m'ont point offert de caractères assez importants pour leur accorder une valeur plus grande, lorsqu'on doit y comprendre un nombre d'espèces beaucoup supérieur à celui de la faune scandinave.

Pour constituer aussi logiquement que possible la série linéaire, j'ai commencé par les espèces ornées de côtes prothoraciques : elles composent le genre *Lathridius* proprement dit, qui se rattache aux *Langelandia* et aux *Metophthalmus* par ce caractère saillant. Viennent ensuite les espèces dont le corselet est sans sculpture spéciale sur son disque, ou bien ne présente que des fossettes de formes diverses. les unes ont le corps allongé, elliptique et déprimé, ce sont les *Cartodere*, dont le faciès rappelle assez bien les derniers *Lathridius* (sous-genre *Coninomus*); les autres, de forme ovale plus ou moins allongée. mais toujours assez convexe, sont comprises dans le genre *Enicmus*, dont il convient de séparer les *Revelieria* si remarquables par leurs élytres gibbeuses, soudées, et à grosse ponctuation irrégulière. Je ne me dissimule pas les imperfections qu'on pourra reprocher à ce mode particulier de groupement: il n'exprime pas, je le reconnais, certaines affinités de structure qui sont incontestables et qui devraient peut-être ressortir davantage par la juxtaposition; mais, après avoir tenté des méthodes différentes où j'ai rencontré également des difficultés et des anomalies, j'ai cru préférable de m'en tenir à un système qui sera facile a saisir et qui permettra bien vite aux plus inexpérimentés de se diriger dans le dédale de la détermination.

Genre *Langelandia* Aubé.

Aubé, Ann. Soc. Ent. Fr. 1842, pag 227.

Etymologie : genre dédié à M. Langeland.

Caractères. *Corps* linéaire et déprimé. *Epistome* séparé du front par une dépression arquée. *Antennes* de 11 article s, insérées latéralement sous le rebord de la tête, et terminées par une forte massue bi-articulée. *Yeux* nuls. *Pronotum* en carré long, offrant d'ordinaire des côtés sur le disque. *Ecusson* indistinct. *Elytres* soudées, allongées, parallèles, tantôt avec la marge, la suture et un des intervalles relevés en côtes, tantôt grossièrement ponctuées en séries avec les intervalles très étroits. *Prosternum* en plaque dilatée après les hanches et tronquée au bout. *Propleures* creusées en avant d'une fossette destinée à loger au repos la massue des antennes. *Mésopleures* presque aussi allongées que les métapleures. *Hanches* toutes distantes : les antérieures et les médianes presque également ; les postérieures s'écartent davantage. *Abdomen* de 5 segments : le 1er le plus long, les 3 suivants subégaux entre eux, le 5e un peu plus long que le 4e. *Pattes* robustes. *Tarses* à 2 premiers articles très petits subégaux ; le 3e robuste, plus allongé que les 2 précédents réunis ; ongles simples.

Obs. Par ses caractères essentiels, ce genre appartient aux Lathridiaires, en tête desquels il convient de le placer, parce que son faciès rappelle très bien la dernière espèce de la branche précédente. Mais, s'il est analogue aux *Anommatus* par l'absence d'organes visuels et par sa forme parallèle et déprimée, il s'en distingue néanmoins au premier coup d'œil par sa sculpture toute différente, par ses antennes de 11 articles, insérées sous le bord latéral de la tête, etc. C'est le seul genre anophthalme de la branche actuelle.

Deux espèces appartiennent à notre faune française. En voici les différences les plus sensibles :

   a. *Taille* ordinairement de 3 à 4 millimètres. *Corselet*
      offrant dans son tiers antérieur une dilatation sen-
      sible. . . . . ANOPHTHALMA.

aa. *Taille* exiguë, atteignant rarement 2 millimètres, ne
dépassant jamais cette mesure. *Corselet* parallèle,
sans dilatation au tiers antérieur . . . . EXIGUA.

1. Langelandia anophthalma AUBÉ.

*Allongée, subparallèle, déprimée, d'un brun ferrugineux mat. Tête
à peine aussi longue que large, à bords latéraux relevés. Corselet sensiblement échancré en devant, s'arrondissant un peu sur les côtés
jusqu'au tiers environ de sa longueur, puis rétréci en ligne droite;
offrant 3 côtes médianes saillantes et entières. Élytres à 5 côtes bien
marquées, savoir: une suturale, deux discales et deux marginales,
avec les intervalles grossièrement ponctués en séries plus ou moins
distinctes.*

♂ *Antennes* ayant leur 3ᵉ article au moins aussi long que large, et
le dernier de la massue plus allongé. *Métasternum* offrant au milieu
une dépression transverse.

♀ *Antennes* à 3ᵉ article transverse ; le dernier de la massue plus
court. *Métasternum* simple.

Long. : 0ᵐ003 à 0ᵐ004 (1 1/3 à 1 3/4 lign.); — larg. : 0ᵐ0008 à 0ᵐ001
(2/5 à 3/5 lign.)

Langelandia anophthalma AUBÉ, Ann. Soc. Ent. Fr. 1842, pag. 228; pl. 9,
fig. 2-6. — J. DUVAL, Genera Col. II, pl. 58, fig. 286. — REITTER, Stett.
Ent. Zeit. 1875, pag. 313.

Corps allongé, linéaire, déprimé, mat, d'un brun ferrugineux
plus ou moins sombre, glabre ou à peu près, offrant sur toute sa
surface des granulations, qui disparaissent parfois sous un enduit
terreux.

Tête moins large que le bord antérieur du corselet, à peine aussi
longue que large, légèrement dilatée de chaque côté au-dessus de
l'insertion des antennes ; surface inégale, plus ou moins excavée sur
les côtés et sur l'occiput. *Front* séparé de l'épistome par une dépression semi-circulaire très distincte et souvent rembrunie, qui aboutit
de chaque côté au coin du labre, en avant de l'insertion antennaire.
Labre court, transverse, arrondi et cilié en devant.

Antennes robustes, insérées inférieurement sous le rebord marginal de la tête, courtes, ne dépassant guère le tiers antérieur du corselet, composées de 11 articles : le 1er épais, subcylindrique, le plus long de tous ; le 2e un peu moins épais, allongé ; le 3e transverse chez la ♀, ou plus long que large chez le ♂ ; les 4e à 9e courts, submoniliformes ; les 10e et 11e formant une massue brusque, dont le premier article est transverse et le 2e, très pubescent, au moins aussi long que large, est arrondi au sommet ; il est plus allongé dans le ♂ que dans la ♀.

Yeux nuls.

Pronotum une fois et demie aussi long que large, sinueusement échancré en devant, avec les angles antérieurs aigus mais très émoussés, se dilatant légèrement sur les côtés, de manière à présenter sa plus grande largeur vers le 1/3 antérieur, puis se rétrécissant faiblement en ligne droite vers la base, avec les angles postérieurs obtus ; marge latérale légèrement rebordée et plus ou moins fortement crénelée, offrant une fossette bien marquée vis-à-vis de la plus grande largeur, et le plus souvent aussi une autre vers les angles antérieurs, et une troisième vers les 2/3 ; le disque est orné de 3 côtes lisses, plus ou moins nettes, partant du bord antérieur et aboutissant à la base qu'elles divisent en 4 parties, les 2 latérales échancrées et les 2 médianes s'arrondissant ensemble en se prolongeant légèrement vers les élytres.

Ecusson indistinct.

Elytres allongées, subparallèles, un peu plus étroites que le corselet, moitié plus longues que lui, arcuément émarginées en devant avec les angles huméraux distincts, arrondies ensemble à l'extrémité, avec la marge relevée en carène plus ou moins crénelée ; la suture est relevée en côte, qui fait suite à la côte médiane du pronotum ; entre la côte suturale et la marginale, il en existe une autre de chaque côté en continuation de celles du pronotum ; cette côte discale, à son extrémité, se rapproche peu à peu de l'angle sutural ; les intervalles sont remplis par une ponctuation rugueuse, souvent à peine distincte et disparaissant sous un enduit terreux ; le repli épipleural est large, parallèle à peu près dans toute sa longueur, rétréci en s'arrondissant vers l'extrémité du 5e arceau ventral.

Prosternum offrant toute sa surface rugueusement fovéolée ; les angles antérieurs sont creusés d'une large fossette où se loge la massue antennaire au repos ; la lame prosternale qui sépare les hanches antérieures et les dépasse est presque aussi large que la mésosternale.

Mésosternum sans carènes latérales, presque aussi long que le métasternum, grossièrement rugueux, s'avançant en plaque médiocre, tronquée au bout entre les hanches intermédiaires.

Métasternum sans sillon longitudinal, offrant chez le ♂ une dépression médiane transverse qui s'avance jusqu'entre les hanches postérieures où il est subtronqué ; couvert de rugosités grossières comme celles des segments précédents ; n'égalant pas en longueur le 1ᵉʳ segment abdominal.

Abdomen de 5 segments le 1ʳʳ s'avançant en lame largement tronquée entre les hanches postérieures, un peu plus long que le 2ᵉ ; celui-ci et les 2 suivants subégaux ; le 5ᵉ plus allongé que le précédent ; tous couverts d'une ponctuation grossière comme le reste de la page inférieure ; offrant sur leur milieu au moins des traces d'une dépression transverse.

Hanches antérieures distantes ; les médianes un peu plus écartées ; les postérieures le sont davantage.

Cuisses assez robustes. *Tibias* sublinéaires, munis sur leurs tranches de soies courtes assez épaisses : les épines terminales distinctes. *Tarses* ayant leurs 2 premiers articles très courts, subégaux ; le 3ᵉ robuste, surpasse notablement en longueur les 2 précédents réunis. *Ongles* simples.

HABITAT. On trouve la *L. anophthalma* dans toute l'Europe septentrionale et méridionale ; elle est très commune dans les diverses provinces de France ; j'en ai aussi des exemplaires de Corse. On la prend généralement sous des pieux desséchés enfoncés dans le sol, et sous l'écorce des racines mortes. Elle a été rencontrée quelquefois dans l'intérieur d'un bolet, et aussi dans des fourmilières de *Formica fuliginosa* placées sur la souche pourrie d'un vieux chêne.

OBS. Sa taille généralement plus grande, puisqu'elle ne descend presque jamais à 2 millimètres, qui est le maximum atteint par l'*exigua* suffirait pour la reconnaître à première vue. Mais elle se distingue essentiellement par un certain nombre de caractères assez tranchés, tels que sa tête plus inégale, son corselet sensiblement échancré en devant et toujours un peu dilaté au tiers antérieur, les côtes toujours très distinctes du pronotum et des élytres.

La larve et la nymphe de cette espèce ont été magistralement décrites dans l'ouvrage de M. E. Perris, intitulé : Larves de Coléoptères (pag. 77 et suivantes).

2. **Langelandia exigua** PERRIS.

Allongée, parallèle, déprimée, subopaque, d'un roux-testacé. Tête plus longue que large, à surface moins inégale. Corselet à bord antérieur presque droit, à côtés parallèles, non dilatés au tiers, offrant seulement 2 faibles côtes sur le disque et un fragment de ligne lisse médiane, qui sont même parfois obsolètes. Elytres à cinq côtes peu marquées, ou même entièrement effacées, grossièrement et sérialement ponctuées.

♂ *Antennes* à 3ᵉ article au moins aussi long que large ; le dernier de a massue proportionnellement plus allongé. *Métasternum* avec une mpression médiane transverse.

♀ *Antennes* à 3ᵉ article transverse ; le dernier de la massue plus court. *Métasternum* simple.

Long. : 0ᵐ0015 à 0ᵐ002 (2/3 à 9/10 lign.) ; — larg. : 0ᵐ. :0004 à 0ᵐ0005 (1/6 à 1/4 lign.).

Langelandia exigua PERRIS, l'Abeille VII, 1869-70, pag. 9.   REITTER, Stett. Ent. Zeit. 1875, pag. 313.

Langelandia incostata PERRIS, l'Abeille VII, 1869-70, pag. 11. — REITTER, Stett. Ent. Zeit. 1875, pag. 314.

Corps allongé, linéaire, déprimé, subopaque, d'un roux-testacé généralement assez clair, offrant à sa surface des cils bien distincts à un fort grossissement, parfois revêtu d'un enduit terreux.

Tête moins large que le bord antérieur du corselet, un peu plus longue que large, à peine relevée de chaque côté au-dessus des antennes ; surface ruguleuse, couverte de granulations, très faiblement sillonnée au milieu, à peine excavée sur les côtés. *Front* séparé de l'épistome par une dépression intra-antennaire parfois peu distincte. *Labre* court, transverse, arrondi et cilié en devant.

Antennes assez robustes, insérées inférieurement sous le rebord marginal de la tête, courtes, ne dépassant pas le 1/3 antérieur du cor-

selct, composées de 11 articles : le 1ᵉʳ épais, subcylindrique, le plus
long de tous ; le 2ᵉ un peu moins épais, allongé ; le 3ᵉ transverse chez
la ♀, et au moins aussi long que large chez le ♂ ; les 4ᵉ à 9ᵉ très
courts, submoniliformes ; les 10ᵉ et 11ᵉ formant une massue brusque
dont le 1ᵉʳ article est transverse, et le 2ᵉ, très pubescent, est arrondi
au sommet, et plus allongé dans le ♂ que dans la ♀.

Yeux nuls.

Pronotum une fois et demie aussi long que large, à peine échancré
en devant, avec les angles antérieurs peu saillants ; côtés non dilatés
au tiers antérieur, presque en ligne droite, s'infléchissant un peu en
approchant de la base qui est subarcuément tronquée, distinctement
quoique très finement crénelés ; on distingue de chaque côté 2 fossettes,
l'une située vers le tiers et l'autre aux 2/3 environ de la longueur ; le
disque, déprimé, offre 2 côtes lisses plus ou moins nettes, disparaissant
parfois entièrement (var. *incostata*), et au milieu une simple ligne
lisse à peine élevée ; toute la surface est couverte d'une ponctuation
très grossière, mais peu profonde.

Ecusson indistinct.

Elytres allongées, parallèles, à peine plus étroites que le corselet,
moitié plus longues que lui, arcuément échancrées en devant, avec les
angles huméraux distincts ; arrondies ensemble à l'extrémité, avec la
marge latérale relevée en carène légèrement crénelée ; la suture est
relevée en côte ; on distingue en outre sur le disque de chaque côté un
intervalle relevé en côte qui fait suite à la côte latérale du disque prothoracique, séparé de la suturale par 2 séries d'une grosse ponctuation ;
ces côtes sont parfois complètement oblitérées, et, dans ce cas, les
élytres paraissent grossièrement ponctuées-striées avec les intervalles
très étroits ; le repli épipleural est large, parallèle à peu près dans toute
sa longueur, rétréci en s'arrondissant vers l'extrémité du 5ᵉ arceau
ventral.

Prosternum offrant toute sa surface rugueuse ou obsolètement fovéolée ; la fossette creusée sous les flancs pour loger la massue des
antennes est parfois peu marquée ; la lame prosternale, qui sépare les
hanches antérieures et les dépasse, est presque aussi large que la mé
sosternale.

Mésosternum sans carènes latérales, presque aussi long que le mé-

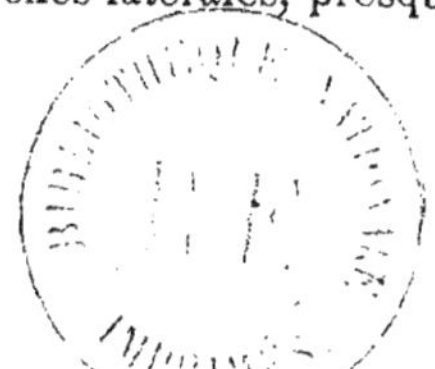

tasternum, grossièrement rugueux, s'avançant en plaque médiocre, tronquée au bout, entre les hanches intermédiaires.

Métasternum sans sillon longitudinal, offrant chez le ♂ une dépression médiane transverse, qui s'avance jusqu'entre les hanches postérieures, où il est subtronqué; couvert de rugosités grossières, comme celles des segments précédents; n'égalant pas en longueur sur sont milieu le 1ᵉʳ arceau abdominal.

Abdomen de 5 segments: le 1ᵉʳ s'avançant en lame largemen tronquée entre les hanches postérieures, un peu plus long que le 2ᵉ; celui-ci et les 2 suivants subégaux; le 5ᵉ plus allongé que le précédent; tous couverts d'une ponctuation grossière comme le reste de la page inférieure du corps; offrant sur leur milieu au moins des traces d'une dépression transverse.

Hanches antérieures distantes; les médianes un peu plus écartées; les postérieures le sont encore davantage.

Cuisses assez robustes. *Tibias* sublinéaires, munis sur leurs tranches de soies courtes assez épaisses; les épines terminales distinctes. *Tarses* ayant leurs 2 premiers articles très courts, subégaux; le 3ᵉ robuste surpasse notablement en longueur les 2 précédents réunis. *Ongles* simples.

HABITAT. Cette espèce paraît propre à la Corse et a la Sardaigne, où on la rencontre soit à la racine des plantes, soit sous des pierres profondément enfoncées dans le sol. D'après M. Reitter, elle aurait été prise également à Nice; mais des exemplaires que j'ai vus de cette dernière localité, bien que leur taille soit celle de l'*exigua*, ne présentent point les caractères spécifiques si exactement assignés par Perris, et ne sont à mes yeux qu'une race plus petite de l'*anophthalma*.

OBS. Après avoir examiné de nombreux échantillons, et en particulier la riche série que possède M. Revelière avec les types de Perris, il m'est impossible d'admettre que l'*incostata* soit une espèce distincte. L'absence de côtes, très sensible sur quelques exemplaires, l'est beaucoup moins sur d'autres; on en trouve même dont les côtes sont distinctes sur l'une des élytres seulement, et, à mesure que les côtes disparaissent, la grossière ponctuation sériale s'accentue. Les autres caractères invoqués par l'auteur n'ont rien de constant, et ne sont assez tranchés que dans quelques insectes, les extrèmes de la série.

En ce qui concerne la valeur spécifique de l'*exigua*, je crois qu'on
peut la maintenir. Bien que la plupart des différences signalées par
Perris avec sa perspicacité habituelle soient sujettes à des variations
plus ou moins importantes, et qu'on rencontre même des individus
qui paraissent se rapprocher de l'*anophthalma* par des passages in-
sensibles, je n'en ai cependant point trouvé chez lesquels le corselet
fut dilaté à son tiers antérieur. Si ce caractère lui-même venait à faire
défaut, il y aurait peut-être lieu de ne plus considérer l'*exigua* que
comme une race locale intéressante.

Genre *Metophthalmus* Motschulsky.

MOTSCHULSKY, Bull. Mosc. 1851, pag. 660.

Etymologie : μιτὰ, avec; ὀφθαλμὸς, œil

CARACTÈRES. *Corps* ovale, peu convexe, partiellement recouvert d'un
enduit cryptogamique blanc-crétacé. *Epistome* déprimé en arc et situé
sur un plan inférieur au front. *Antennes* de 9 à 10 articles, insérées
aux angles antérieurs du front et près de la marge supérieure, terminées par une massue bi-articulée. *Yeux* distincts, supérieurs. *Pronotum* largement explané sur les côtés, offrant sur le disque deux côtes
saillantes, dénudées au sommet et à la base, ainsi que des fossettes
nombreuses, qui disparaissent d'ordinaire sous l'enduit crétacé. *Ecusson*
rudimentaire. *Elytres* soudées, en ovale plus ou moins allongé, sérialement fovéolées-ponctuées avec les intervalles étroits; la marge
latérale, la suture et les interstries alternes sont relevés en côtes.
Prosternum en lame médiocre, dépassant les hanches antérieures.
Propleures creusées en avant d'une fossette destinée à loger la massue
des antennes en repos. *Mésopleures* plus courtes que les métapleures.
Hanches toutes distantes, les médianes un peu plus que les antérieures;
les postérieures s'écartent davantage. *Abdomen* de 5 segments: le 1er
le plus long; les 3 suivants subégaux entre eux; le 5e aussi court que
chacun des précédents, ou plus allongé suivant les sexes. *Tarses* à 2

premiers articles petits, subégaux ; le 3ᵉ égale au moins les 2 précédents pris ensemble. *Ongles* simples.

Obs. Avec le genre *Metophthalmus* commence la série des Lathridiaires dont le corps est ovale. Sa massue bi-articulée et ses côtes prothoraciques bien visibles dans leur partie dénudée suffisent à le distinguer des genres *Revelieria, Enicmus* et *Cartodere* (1). Le premier de ces caractères le sépare également des *Lathridius*, à l'exception des espèces du sous-genre *Coninomus* ; mais la position des yeux qui sont supérieurs et contigus au prothorax, comme aussi l'enduit crétacé qui lui donne un aspect particulier, etc., ne permettent pas de le confondre avec ces dernières.

J. Duval donne 9 articles seulement aux antennes de son genre *Bonvouloiria*, tandis que les *Metophthalmus*, d'après Motschulsky et les auteurs qui ont écrit postérieurement, en posséderaient 10. Devant cette divergence d'affirmations, je me suis demandé : Y a-t-il erreur, et s'il y en a une, de quel côté se trouve-t-elle ? Connaissant l'habileté et le soin qu'apportait J. Duval dans les études microscopiques, j'étais porté d'avance à croire qu'il ne s'était pas trompé, et la première idée qui me vint à l'esprit fut que la différence dans le nombre des articles antennaires pourrait être un caractère sexuel, comme cela a lieu pour les *Holoparamecus* ; mais en pareille matière les raisonnements *a priori* n'ont point de valeur : il s'agissait d'un fait à vérifier et je fis appel à mes yeux aidés d'un excellent microscope. J'éprouvai d'abord une difficulté sérieuse, non pas tant à cause de la petitesse des organes à examiner, que par suite de la position qu'ils prennent à la mort de l'insecte : le funicule se loge dans une étroite rainure formée par la dilatation de la page inférieure de la tête, et sa massue s'enfonce dans une fossette profonde située sous les angles antérieurs du corselet. Après un grand nombre de tentatives infructueuses pour déloger les antennes et les étudier, j'ai réussi enfin sur deux exemplaires du *M. niveicollis*, et ma surprise a été aussi grande que ma joie en reconnaissant que l'un avait seulement 9 articles et que l'autre en comptait bien dix. Grâce à de bienveillantes communications, j'ai pu confirmer cette découverte par l'examen d'un nombre plus considérable d'exemplaires

(1) *La Cartodere filum* a, il est vrai, une massue bi-articulée, mais ses yeux sont latéraux, son corps est allongé, subdéprimé, sans enduit crétacé, etc.

Quant au *M. Ragusæ*, les séries assez nombreuses que j'ai pu étudier ne m'ont présenté que des antennes de 10 articles, et il ne paraît guère admissible que l'un des sexes de cette espèce soit jusqu'ici demeuré inconnu.

Nos deux espèces françaises peuvent se distinguer aux caractères suivants :

a. *Forme* générale plus allongée. *Front* orné de 2 petits tubercules dénudés. *Corselet* plus étroit en devant qu'à la base, avec les côtés à peine arrondis et formant presque un angle au milieu . . . . NIVEICOLLIS.

aa *Forme* générale un peu plus large. *Front* orné de 2 tubercules allongés en caiènes subconvergentes. *Corselet* transverse, à côtés s'arrondissant à peu près également dans leur milieu. . . . . RAGUSÆ.

1 **Metophthalmus niveicollis** J. Duval.

En ovale allongé, peu convexe, glabre, ferrugineux avec les antennes et les pattes plus claires, partiellement couvert en dessus et en dessous d'un enduit cryptogamique blanc-crétacé. Tête ornée au milieu du front de 2 petits tubercules dénudés. Corselet un peu plus large que long, assez déprimé, plus étroit en devant qu'à la base, à peine arrondi sur les côtés, avec les angles postérieurs droits ; les côtes discales sont dénudées au sommet et à la base. Elytres allongées-ovales, un peu plus larges à la base que le corselet, sérialement ponctuées-fovéolées avec les interstries étroits ; les intervalles alternes, la marge et la suture sont relevés en côtes ; elles n'offrent d'ordinaire l'enduit crétacé qu'aux épaules et sur leurs flancs.

♂ *Antennes* de 10 articles. *Forme* générale plus allongée.

♀ *Antennes* de 9 articles. *Forme* générale un peu plus large.

Long. : 0^m0012 (1/2 lign.) ; — larg. : 0^m0004 (1/6 lign.).

Bonvorloiria niveicollis J. DUVAL, Gen. Col. II, pag. 245, pl. 59, fig. 292. ♀. *Metophthalmus niveicollis* REITTER, Stett. Ent. Zeit. 1875, pag 314.— REDENBACHER, Fauna Austr. IIIe édit. II, pag. 413.

Corps en ovale allongé, peu convexe, glabre, d'un ferrugineux plus ou moins sombre avec les antennes et les pattes plus claires,

enduit d'une substance cryptogamique d'un blanc-crétacé qui recouvre
en dessus la tête (à l'exception des tubercules frontaux et des yeux);
le corselet (hormis les côtes discales en devant et à la base, et une
étroite bande latérale), les épaules et la marge seulement des élytres,
ainsi que presque toute la page inférieure.

Tête de forme carrée, à peine moins large que le bord antérieur du
corselet, à peu près aussi longue que large, offrant au milieu du front
2 tubercules dénudés, plus ou moins étendus, mais ne formant point
deux carènes prolongées jusqu'à l'épistome; les bords latéraux en
dessus sont obsolètement relevés en carène à partir des yeux. *Epistome* transverse, faiblement arqué, déprimé et situé sur un plan inférieur. *Labre* très court, transverse, à peine arrondi en devant. La
partie inférieure de la tête se dilate latéralement de manière à laisser
entre elle et la partie supérieure une rainure crénelée où se loge le
funicule des antennes.

Antennes insérées à l'angle antérieur du front, presque sur le bord
de la tête, courtes, n'atteignant pas la moitié du corselet, composées
de 9-10 articles selon les sexes : les 2 premiers globuleux, le 2ᵉ un
peu moins gros que le 1ᵉʳ, mais sensiblement plus épais que ceux du
funicule; celui-ci comprenant 5 ou 6 articles transverses, à peu près
égaux entre eux; massue terminale de 2 articles dilatés, dont le premier est transverse, un peu moins large que le 2ᵉ, qui est presque
2 fois plus long et ovalaire.

Yeux petits, à granulation grossière, contigus au corselet, situés
sur la marge supérieure de la tête.

Pronotum un peu plus large que long, à peine émarginé en devant
avec les angles antérieurs obtus et émoussés, se rétrécissant davantage vers le sommet qu'à la base ; faiblement arrondi sur les côtés
qui sont largement explanés, crénelés, étroitement dénudés, avec les
angles postérieurs droits ; offrant vers le milieu sa plus grande largeur
qui est à peine moindre que celle des élytres. La surface dorsale est
inégale et creusée de fossettes ordinairement cachées sous l'enduit
crétacé; les 2 côtes longitudinales médianes sont dénudées seulement
en devant et à la base, où elles apparaissent sous la forme de 2 gros
tubercules.

Ecusson rudimentaire, indistinct.

Elytres soudées, en ovale allongé, à peine plus larges que le cor-

selet, 2 fois plus longues que lui, tronquées droit en devant, avec les
angles huméraux distincts ; sérialement fovéolées ponctuées avec les
intervalles étroits ; s'arrondissant ensemble à l'extrémité ; la marge
latérale, relevée en côte crénelée, est faiblement dilatée, puis sinuée
à la hauteur des hanches postérieures ; la suture est relevée en côte
ainsi que les intervalles alternes, de sorte que chaque étui offre 3
côtes discales, dont la première s'unit avec la troisième sur la voussure apicale, tandis que la 2° est raccourcie un peu auparavant ; repli
épipleural médiocre et à peu près d'égale largeur, réduit à une simple
tranche vers la moitié du 5° arceau ventral ; l'enduit crétacé ne recouvre ordinairement que les épaules et l'interstrie marginal dans sa
moitié antérieure environ.

Prosternum entièrement couvert de l'enduit crétacé, offrant sous
ses angles antérieurs une large fossette longitudinale où vient se loger
la massue antennaire ; la lame qui sépare les hanches antérieures et
les dépasse en se défléchissant est un peu moins large que la mésosternale.

Mésosternum court, s'avançant en lame médiocre et tronquée au
bout entre les hanches intermédiaires, entièrement couvert de l'enduit
crétacé.

Métasternum également revêtu sur toute sa surface de l'enduit crétacé, s'avançant entre les hanches postérieures qu'il sépare largement,
égalant environ dans son milieu la longueur du 1ᵉʳ arceau ventral.

Abdomen de 5 segments : le 1ᵉʳ presque aussi long que les 2 suivants
pris ensemble ; ceux-ci et le 4° sont courts et subégaux entre eux ;
le 5° est tantôt de même longueur, tantôt plus allongé que le précédent.
Toute la surface abdominale est revêtue de l'enduit crétacé, hormis
le 5° segment.

Hanches antérieures distantes ; les médianes un peu plus écartées ;
les postérieures le sont davantage.

Cuisses pas très robustes. *Tibias* très légèrement arqués sur leur
face externe ; par conséquent faiblement dilatés vers le sommet, avant
lequel ils sont extérieurement taillés en biseau ; à un fort grossissement on distingue quelques cils sur les tranches. *Tarses* ayant leurs
2 premiers articles très petits, égaux ; le 3ᵉ égale les 2 précédents réunis. *Ongles* simples.

Habitat. Le *M. niveicollis* se trouve dans les détritus végétaux qui s'accumulent au pied des cistes : il a été capturé pour la première fois par J. Duval dans les environs de Montpellier, mais il doit habiter les départements voisins. M. Rey m'en a communiqué des exemplaires provenant de Banyuls (Pyrénées-Orientales); j'en possède aussi des échantillons recueillis en Espagne (Madrid), et en Algérie (sans indication plus précise).

Obs. C'est avec quelque doute que je regarde les antennes composées de 10 articles comme appartenant au sexe ♂, et celles de 9 articles comme propres aux ♀. A défaut d'observation directe de l'accouplement, il aurait fallu recourir à la dissection anatomique pour avoir une certitude complète; mais, ce moyen dépassant mon habileté, j'ai dû résoudre ce problème à l'aide d'inductions basées sur l'analogie. Il serait trop long de les exposer ici en détail; j'aime mieux signaler consciencieusement une lacune, et appeler l'attention des entomologistes sur cette recherche intéressante.

Le tableau ci-dessus indique les différences essentielles qui séparent le plus nettement cette espèce de la suivante. J. Duval paraît n'avoir connu que la ♀ ; le ♂ est proportionnellement plus étroit et plus allongé.

Motschulsky a décrit sous le nom de *M. Lacteolus* (Bull. Mosc. 1866. III, pag. 232) un insecte de Crimée qu'il distingue du *niveicollis* par ses antennes de 10 articles et par son corps entièrement recouvert de blanc. Ce dernier caractère n'a aucune valeur, parce qu'il tient uniquement à l'état de fraîcheur et de conservation dans lequel se trouve l'échantillon. Le nombre des articles antennaires ne serait pas, à lui seul, suffisant pour justifier une séparation spécifique. Cependant il est probable que l'espèce de Motschulsky est distincte, autant que j'ai pu en juger par l'examen rapide de quelques exemplaires que M. E. Revelière a reçus de Hongrie méridionale comme étant le *M. lacteolus*; leur corselet est en effet d'une conformation un peu différente, et la largeur relative des élytres est plus considérable que celle des *niveicollis* à antennes de dix articles.

2. **Metophthalmus Ragusæ** Reitter.

En ovale un peu plus large, peu convexe, glabre, ferrugineux avec
les antennes et les pattes plus claires, partiellement couvert en dessus
et en dessous d'un enduit cryptogamique blanc-crétacé, Tête ornée
sur le front de 2 côtes distinctes subconvergentes. Corselet assez dé-
primé, nettement transverse, à peine moins large que les élytres, un
peu plus rétréci en devant qu'à la base, arrondi sur les côtés, avec les
angles postérieurs obtus ; les côtes discales sont ordinairement dénu-
dées presque entièrement. Élytres ovales, plus courtes, sérialement
fovéolées-ponctuées avec les interstries étroits ; la marge, la suture et
les intervalles alternes sont relevés en côtes ; elles n'offrent d'ordinaire
l'enduit crétacé qu'aux épaules et sur leurs flancs.

Long. : 0ᵐ0008 à 0ᵐ001. (1/3 à 1/2 lign.) ; — larg. : 0ᵐ0004 à 0ᵐ0005
(1/6 à 1/4 lign.)

Metophthalmus Ragusæ Reitter, Stett. Ent. Zeit. 1875, pag. 315.

Corps en ovale, un peu plus large proportionnellement que chez le
niveicollis, peu convexe, glabre, d'un ferrugineux plus ou moins
sombre avec les antennes et les pattes plus claires ; enduit d'une
substance cryptogamique d'un blanc crétacé qui recouvre presque
toute la page inférieure et se montre en dessus à la tête, au corselet,
aux épaules et sur la marge latérale des élytres.

Tête de forme carrée, à peine moins large que le bord antérieur du
corselet, aussi longue que large, offrant au milieu du front 2 carènes
dénudées, convergentes en devant, prolongées jusqu'à la moitié de sa
longueur environ, puis effacées, et enfin se relevant en une saillie à
peine distincte dans le voisinage de l'épistome ; les bords latéraux en
dessus sont aussi relevés en faible carène marginale à partir des
yeux. *Epistome* transverse, faiblement arqué, déprimé et situé sur un
plan un peu inférieur à celui du front qui commence à l'insertion
antennaire. *Labre* très court, transverse, à peine arrondi en devant.
La partie inférieure de la tête se dilate latéralement, de manière à
former entre elle et la marge supérieure une rainure crénelée où se
loge le funicule des antennes.

Antennes insérées à l'angle antérieur du front, presque sur le bord de la tête, courtes, n'atteignant pas la moitié du corselet, composées de 10 articles : les 2 premiers globuleux, le 2ᵉ un peu moins gros que le 1ᵉʳ, mais sensiblement plus épais que ceux du funicule ; celui-ci comprenant 6 articles transverses, à peu près égaux entre eux ; massue terminale de 2 articles assez fortement dilatés, dont le 1ᵉʳ es transverse, à peine moins large que le 2ᵉ ; celui-ci est presque 2 fois plus long et ovalaire.

Yeux petits, à granulation grossière, contigus au corselet, situés sur la marge supérieure de la tête.

Pronotum nettement plus large que long, à peine émarginé en devant avec les angles antérieurs obtus et émoussés, se rétrécissant un peu plus vers le sommet qu'à la base, du reste assez également arrondis vers le milieu des côtés qui sont crénelés, largement explanés, étroitement dénudés, avec les angles postérieurs nettement obtus ; l'enduit crétacé recouvre ordinairement les fossettes dont la surface dorsale est ornée, mais les 2 côtes longitudinales médianes sont la plupart du temps dénudées dans toute leur étendue.

Ecusson rudimentaire, indistinct.

Elytres soudées, en ovale un peu moins allongé proportionnellement que celles du *M. niveicollis*, à peine plus larges que le corselet, coupées droit en devant avec les angles huméraux subarrondis, sérialement fovéolées-ponctuées, avec les intervalles étroits, s'arrondissant ensemble à l'extrémité ; la marge latérale relevée en côte crénelée est très faiblement dilatée sous l'épaule, puis subsinuée à la hauteur des hanches postérieures ; la suture est aussi relevée en côte ainsi que les intervalles alternes, de sorte que chaque étui offre 3 côtes discales, dont la 1ʳᵉ s'unit à la 3ᵉ sur la voussure apicale, tandis que la 2ᵉ est raccourcie un peu auparavant ; repli épipleural médiocre, et à peu près d'égale largeur, réduit à une simple tranche vers le 5ᵉ arceau ventral ; l'enduit crétacé ne recouvre ordinairement que les épaules et l'interstrie marginal dans sa moitié antérieure.

Prosternum entièrement couvert de l'enduit crétacé, offrant sous ses angles antérieurs une large fossette longitudinale où vient se loger la massue antennaire au repos ; la lame prosternale, qui sépare les hanches antérieures et qui est défléchie après elles, est moins large que la mésosternale.

Mésosternum court, s'avançant en lame médiocre et tronquée au bout entre les hanches intermédiaires, entièrement couvert de l'enduit crétacé.

Métasternum également revêtu sur toute sa surface de l'enduit crétacé, s'avançant entre les hanches postérieures qu'il sépare largement, égalant environ dans son milieu la longueur du 1er arceau ventral.

Abdomen de 5 segments : le 1er presque aussi long que les 2 suivants pris ensemble ; les 2e à 5e sont courts et subégaux, avec la surface ordinairement revêtue de l'enduit crétacé, hormis le 5e segment, et parfois aussi le 4e.

Hanches antérieures distantes ; les médianes 2 fois plus écartées ; les postérieures le sont encore davantage.

Cuisses pas très robustes. *Tibias* légèrement arqués sur leur face externe, et par suite faiblement dilatés vers le sommet, avant lequel ils sont extérieurement taillés en biseau ; à un fort grossissement, on distingue quelques cils sur les tranches. *Tarses* ayant leurs 2 premiers articles très petits, égaux ; le 3e égale les 2 précédents réunis. *Ongles* simples.

Habitat. Cette espèce se prend, comme sa congénère, en tamisant les feuilles amassées aux pieds des Cistes ; trouvée en Sicile par M. Ragusa, elle habite également la Corse. Dans la collection de M. Rey, j'en ai vu un exemplaire que ce savant naturaliste a découvert sous les détritus d'algues marines à Saint-Raphaël (Var).

Obs. Ordinairement de taille un peu plus faible que le *M. niveicollis*, cet insecte est aussi un peu plus large proportionnellement que le ♂ de celui-ci ; ses tubercules frontaux sont plus longuement dénudés et apparaissent comme 2 carènes légèrement convergentes en devant ; le corselet est proportionnellement un peu plus court, égalant presque la largeur des élytres, et les côtés sont plus régulièrement arrondis. Les autres différences signalées par M. Reitter ne me paraissent pas constantes.

Un exemplaire, capturé à Caporalino (Corse) par M. E. Revelière, semble différer du *M. Ragusæ* par la forme de son pronotum et par quelques autres caractères de moindre importance ; sa tête paraît proportionnellement plus étroite ; les 2 tubercules frontaux dénudés sont arrondis et peu saillants ; ses antennes ne comptent que 9 articles ; le corselet, légèrement émarginé au sommet, est très rétréci à son bord antérieur où il est à peine plus large que la tête ; il s'arrondit un peu aux angles antérieurs qui ne sont pas marqués, puis se dilate assez fortement presque en ligne droite jusqu'un peu après le milieu où il se rétrécit vers la base, mais beaucoup moins que vers le sommet, avec ses angles postérieurs obtus et faiblement émoussés (tandis que chez le *M. Ragusæ* le prothorax paraît proportionnellemen un peu plus court, moins rétréci en devant, et s'arrondissant également ment sur les côtés) ; les côtes discales ne sont dénudées qu'au sommet et à la base ; le 5ᵉ arceau ventral est court, subégal an précédent. J'avais d'abord soupçonné que c'était l'un des sexes du *M. Ragusæ*, mais cette espèce ayant été prise en nombre, comment admettre qu'on n'en aurait jusqu'ici rencontré qu'un seul échantillon, qui, d'après l'analogie, devrait être considéré comme la ♀ ? C'est contre toute vraisemblance. Aussi je suis plutôt porté à voir dans cette capture une découverte nouvelle ; si des recherches ultérieures viennent la confirmer et démontrer la valeur des caractères que j'ai signalés, il y aurait lieu d'en faire honneur à l'entomologiste auquel nous devons cette connaissance, en la désignant sous le nom de *M. Revelierei*.

Genre *Lathridius*, Herbst.

Herbst, Kæfer V. 1793, pag. 3.

Etymologie : λαθρίδιος, caché (1).

Caractères. *Corps* ovalaire et plus ou moins convexe. *Epistome* déprimé en arc et situé sur un plan inférieur au front. *Antennes* de 11 articles, insérées en dessus aux angles antérieurs du front, à peu

(1) Le catalogue de Munich écrit *Latridius* et ajoute que l'étymologie est douteuse. Pourtant Herbst indique celle-ci assez clairement, ce me semble, en disant que le nom du genre fait allusion à la petitesse de ces insectes, qui les rend difficiles à trouver et à reconnaître. Il n'y a donc pas lieu de revenir à une orthographe fautive que l'usage a légitimement rectifiée.

de distance au devant des yeux, et terminées par une massue tantôt bi-, tantôt tri-articulée. *Yeux* latéraux, proéminents, occupant environ la moitié latérale de la tête à partir de l'insertion antennaire. *Pronotum* orné de 2 côtes longitudinales sur le disque, et plus ou moins sinué ou incisé latéralement, souvent accompagné d'une membrane marginale caduque. *Ecusson* petit, transverse. *Elytres* non soudées, ovales, offrant chacune 8 stries ponctuées se réunissant deux à deux, la 1re à la 8e, la 2e à la 7e, la 3e à la 6e, et la 4e à la 5e, avec les intervalles alternes souvent plus ou moins costiformes (1). *Prosternum* en lame plus ou moins étroite, mais distincte, entre les hanches antérieures, après lesquelles il se prolonge. *Propleures* sans fossettes pour loger la massue des antennes au repos. *Mésopleures* plus courtes que les métapleures. *Hanches* toutes distantes; les médianes plus que les antérieures (celles-ci subcontiguës dans une espèce); les postérieures s'écartent encore davantage. *Abdomen* de 5 segments : le 1er égalant environ les 2 suivants pris ensemble; les 4 autres courts, subégaux, ou bien le dernier un peu plus allongé que le précédent. *Tarses* à 1er article plus court ou presque aussi allongé que le 2e.

Obs. L'existence de côtes longitudinales sur le disque du pronotum distingue à première vue ce genre des suivants. On ne saurait non plus le confondre avec les *Langelandia* et les *Metophthalmus*, car il n'a point de fossettes excavées sous les angles antérieurs du corselet pour y loger la massue des antennes au repos, et, d'autre part, ses yeux sont assez gros et insérés sur le côté de la tête.

Nous rencontrons ici une extrême variabilité dans la structure du prothorax : la longueur relative de cette partie du corps, les sinuosités de la marge latérale, la bordure costiforme des côtés sont sujettes à présenter dans la même espèce les différences les plus notables ; il en est de même, quoique à un moindre degré, de la sculpture des étuis. Lorsqu'on examine avec soin une série un peu nombreuse d'exemplaires capturés ensemble et appartenant à une seule éclosion, et à plus forte raison s'il s'agit d'individus de provenances diverses, on est surpris des dissemblances qui existent entre eux, dissemblan-

---

(1) Les espèces françaises ont toutes leur 7e interstrie assez fortement relevé en carène.

ces qu'on serait tenté de considérer partout ailleurs comme caractéristiques. La présence ou l'absence de la membrane blanchâtre qui
constitue d'ordinaire l'appendice latéral du corselet peut surtout
donner lieu à plus d'une méprise sur la forme réelle de ce segment
et contribue à augmenter encore la diversité du faciès. Cette remarque peut servir d'excuse aux premiers descripteurs, qui ont établi
sur des matériaux insuffisants un certain nombre de séparations spécifiques absolument injustifiables; elle expliquera aussi les difficultés
qui se présentent, soit qu'on veuille débrouiller la synonymie, soit
qu'on cherche à formuler la diagnose précise d'une espèce.

J'ai réuni les *Coninomus* de M. Thomson et de M. Reitter aux *Lathridius* vrais, parce qu'il m'a été impossible de trouver un ensemble de caractères ayant assez de valeur pour autoriser leur division
générique. En dehors de la longueur relative des tempes qui, tout en
étant susceptible de degrés divers, permet néanmoins une délimitation exacte de ces deux groupes, j'ai vainement cherché d'autres
caractères tranchés et constants, pouvant s'appliquer à toutes les
espèces d'une même section. Ainsi, par exemple, la massue antennaire, nettement bi-articulée dans les derniers *Coninomus*, se compose de trois articles chez le *nodifer* que les tempes allongées et plusieurs autres particularités morphologiques rangent nécessairement
avec eux, tandis que l'*alternans*, appartenant aux *Lathridius* vrais,
offre de son côté une massue subbiarticulée, et un corselet incisé
latéralement à peu près comme chez les *Coninomus*. Le mélange de
ces diverses formes et les transitions qui les rapprochent s'accentuent
encore davantage, à mesure qu'on étudie une faune moins res-
treinte.

A l'aide du tableau suivant, on pourra, je crois, déterminer aisément les espèces qui habitent notre territoire ou quelques contrées
limitrophes :

A *Yeux* séparés du corselet par des tempes plus courtes
    que le diamètre oculaire. *Corselet* plus ou moins sinué
    sur les côtés, mais non profondément incisé après le
    milieu. (s-g. *Lathridius*) (1).

---

(1) A ces caractères principaux on peut ajouter, sans toutefois y accorder
trop d'importance, la troncature oblique du dernier article des antennes, et
les tarses à 1ᵉʳ article plus court que le 2ᵉ.

a. *Elytres* glabres, prolongées en pointe dépassant notablement l'abdomen. . . . . LARDARIUS.

aa. *Elytres* plus ou moins arrondies ensemble à l'extrémité, sans se prolonger au delà de l'abdomen.

  b. *Elytres* sérialement hérissées de soies assez longues.

   c. *Tête* plus large avec les yeux que le bord antérieur
du corselet . . . . LATICEPS.

  cc. *Tête* moins large que le bord antérieur du corselet.

    d. *Angles antérieurs* du corselet faiblement dilatés
en lobes arrondis. *Elytres* sans impression transversale sensible après leur base. . . . . . . ANGULATUS.

   dd. *Angles antérieurs* du corselet assez saillants en
lobe subacuminé. *Elytres* nettement déprimées
transversalement après leur base. . . . . . PRODUCTUS.

 bb. *Elytres* sans séries de soies dressées assez longues.

   e. *Intervalles alternes* des élytres non relevés en côtes,
si ce n'est légèrement à la base . . . . . . ANGUSTICOLLIS

  ee. *Intervalles alternes* des élytres nettement relevés
en côtes qui se prolongent jusqu'à la voussure
des étuis.

    f. *Corselet* à peine aussi long que large, à côtés
faiblement marginés-crenelés, presque droits
après les lobes antérieurs arrondis. 9e *article*
des antennes obconique, dilaté au sommet. RUGICOLLIS.

   ff. *Corselet* plus long que large, assez fortement
sinué et incisé au milieu de ses côtés, qui
sont relevés en côtes. 9e *article* des antennes
à peine dilaté au sommet . . . . ALTERNANS.

AA *Yeux* séparés du corselet par des tempes aussi longues
ou plus longues que le diamètre oculaire. *Corselet*
très fortement incisé après le milieu de ses côtés.
(s-g. *Coninomus* Thomson) (1).

  g. *Massue antennaire* très nette, de 3 articles. *Elytres*
tuberculées avant l'extrémité. . . . . NODIFER.

 gg. *Massue antennaire* très nette, de 2 articles seulement.
Elytres offrant leurs interstries alternes plus ou
moins relevés en côtes, mais sans saillies tuberculeuses.

(1) M. Reitter a signalé également la forme ovale du dernier article de la
massue antennaire, et la quasi-égalité des 2 premiers articles tarsaux.

h. *Hanches antérieures* distantes. *Côtes discales* du pronotum plus distinctes. *Interstries alternes* des élytres peu relevés en côtes. . . . . CONSTRICTUS.

hh. *Hanches antérieures* presque contiguës. *Côtes discales* du pronotum moins distinctes. *Interstries alternes* des élytres nettement constiformes. . . . . CARINATUS.

1. **Lathridius lardarius** DEGEER.

Ovale, allongé, luisant, glabre, d'un roux-testacé. Tête presque aussi large que le bord antérieur du corselet, avec les tempes peu allongées. Massue des antennes tri-articulée. Corselet à peine plus long que large, presque carré, offrant 2 côtes longitudinales sur le disque, et une impression anté-basale de chaque côté ; la marge latérale est relevée et sinuée, avec les angles antérieurs arrondis en lobe à peine saillant. Elytres convexes, acuminées au sommet où elles se prolongent au delà de l'abdomen, fortement ponctuées-striées les stries s'affaiblissant vers l'extrémité; intervalles larges, le sutural plus ou moins relevé en côte, ainsi que le 7ᵉ au delà du milieu et le 3ᵉ à la base seulement. Dessous du corps presque imponctué.

♂ *Tibias* incourbés ; les antérieurs plus fortement , et armés d'une petite dent anté-apicale sur leur tranche interne qui est finement denticulée et ciliée.

♀ *Tibias* non courbés ni denticulés, faiblement ciliés sur leur tranche interne.

Long: 0ᵐ0025 à 0ᵐ003 (1 1/6 à 1 2/5 lign) ; — larg. . 0ᵐ001 à 0ᵐ0012, (2/5 à 3/5 lign.)

Tenebrio lardarius DE GEER, Mém. Inst V, pag. 45, 7; pl. 2, fig. 25-31.

Lathridius lardarius CURTIS, Brit. Entom. VII, pl. 311, n° 1. — STEPHENS, Illustr. III, pag. 111, etc. — SHUCKARD, Elem. of Brit. Entom., pag 184. — MANNERHEIM, in Germ. Zeitschr. V, pag. 68.— THOMSON, Skand. Coleopt. V, p. 216. — REITTER, Stett. Ent. Zeit. 1875, pag. 317.

Lathridius acuminatus PAYKULL, Faun. Suec. I, pag. 299. — GYLLENHAL, Ins. Suec. IV, pag. 135, Etc.

Lathridius quadratus PANZER. Entom. Germ, I, pag. 101, Etc.

Corticaria rugicollis MARSHAM, Entom. Brit. 1, pag. 113.

Lathridius pini MOTSCHULSKY. Bull. Mosc. 1866. III, pag. 236 ; pl. 6, fig. 3.

Lathridius dilaticollis Motschulsky, Bull. Mosc. 1866. III, pag. 236 ; pl. 6,
fig. 2.

Lathridius subbrevis Motschulsky, Bull. Mosc. 1866. III, pag. 237.

Corps en ovale allongé, luisant, glabre, entièrement d'un roux-testacé, à l'exception des yeux qui sont noirs (1).

Tête à peine aussi longue que large, presque aussi large (y compris
les yeux) que le bord antérieur du corselet, rugueusement-inégalement
ponctuée sur toute sa surface, longitudinalement canaliculée dans son
milieu, plus fortement sur le vertex. *Front* séparé de l'épistome par
une dépression arquée, qui aboutit de chaque côté à l'insertion antennaire. *Labre* court, transverse, arrondi en avant. *Joues* creusées d'un
sillon peu profond sous les yeux ; ce sillon est limité en dessus par ces
organes, et en dessous par une faible carène longitudinale de la gorge.

Antennes médiocres, peu robustes, d'un testacé pâle, dépassant un
peu les angles postérieurs du prothorax, composées de 11 articles : le
1er très renflé, orbiculaire, le 2e beaucoup moins épais quoique un peu
plus que les suivants, presque de même longueur que le 1er ; le 3e
subcylindrique, le plus long de tous ; les 4e à 8e allongés, subobconiques, décroissant à peine ; le 9e aussi grêle à la base que les précédents est dilaté au sommet autant que les 2 autres de la massue ; le
10e un peu moins long que ceux entre lesquels il se trouve ; le 11e
égalant le 9e, et obliquement tronqué au sommet.

Yeux arrondis, très saillants, occupant plus de la moitié du bord
latéral de la tête à partir de l'insertion antennaire, peu distants du
prothorax, dont ils sont séparés par des tempes courtes n'égalant pas
la moitié du diamètre oculaire.

Pronotum presque carré, à peine plus long que large, échancré en
devant, avec les angles antérieurs arrondis formant un lobe peu saillant qui occupe environ le tiers antérieur du corselet, avec la marge
latérale relevée-explanée ; les côtés sont faiblement émarginés du
sommet au milieu, puis prolongés en ligne presque droite en s'élargissant un peu jusqu'aux angles postérieurs qui sont marqués, pas tout-
à-fait droits, situés vis-à-vis de la 5e strie des élytres ; la base est
subtronquée, finement marginée ; la surface est couverte en entier

(1) Cette couleur étant la couleur normale des yeux, il n'en sera plus fait
mention désormais

d'une ponctuation rugueuse inégale ; sur le disque, deux côtes longitudinales subparallèles, s'écartant un peu en arc dans leur tiers antérieur ; au devant de la base, une profonde impression transverse, divisée par les côtes en 3 dépressions.

Ecusson petit, transverse.

Elytres en ovale allongé, convexes, plus longues que l'abdomen qu'elles dépassent par un prolongement caudiforme en pointe subarrondie séparément au sommet ; calus huméral saillant, formé par le 7° interstrie qui est relevé en côte à la base ; un peu dilatées latéralement au-dessous et en arrière de l'épaule, elles offrent une ponctuation sériale assez profonde, mais s'affaiblissant vers le sommet, et formant 8 stries, dont les intervalles sont imponctués, larges et plus ou moins convexes, le 3° à la base seulement, le sutural et le 7° au delà du milieu ; la 7°strie est excavée en sillon à la hauteur des hanches postérieures ; le rebord marginal est fin, à peine relevé ; le repli épipleural est inférieur, assez large jusqu'aux hanches postérieures, puis se rétrécissant peu à peu avec la courbure externe, et réduit à une tranche vers le 5° arceau ventral.

Lame prosternale n'égalant pas le trochanter, enfoncée entre les hanches antérieures, après lesquelles elle fait plus ou moins saillie, avec une dépression transverse au devant et en arrière des hanches.

Mésosternum court, prolongé en lame assez large entre les hanches médianes.

Métasternum imponctué, avec une ligne longitudinale de points sur ses épipleures, allongé, à peine plus long que le 1er arceau ventral, offrant en arrière des hanches médianes une fossette arrondie dont les bords sont finement plissés longitudinalement ; ces fossettes sont à peine reliées transversalement par une dépression obsolète ; sur le milieu, un sillon longitudinal, partant du 1/3 environ et aboutissant à la base qui est un peu échancrée, fait bomber les parties voisines

Abdomen de 5 segments : le 1er le plus long, égalant environ les 2 suivants réunis ; les 2°, 3° et 4° subégaux ; le 5° un peu plus long que le précédent ; toute la surface est à peu près imponctuée.

Hanches antérieures peu distantes ; les médianes le sont environ 2 fois plus ; les postérieures s'écartent notablement davantage.

Cuisses pas très robustes, peu dilatées, à peine obsolètement canaliculées en dessous. *Tibias* subcylindriques : chez les ♂, les antérieurs

surtout et les médians sont assez fortement incourbés, avec une petite dent anté-apicale sur leur tranche interne, qui est finement denticulée et ciliée; chez les ♀, ils n'offrent pas cette courbure ni cette
denticulation. *Tarses* ayant leur 1ᵉʳ article un peu plus court que le
2ᵉ; le 3ᵉ est plus allongé que les 2 précédents réunis. *Ongles* simples.

HABITAT. D'après Mannerheim, cette espèce se trouve dans les débris
végétaux, sur les feuilles des arbres, et surtout sur les plantes
légumineuses, etc.; répandue par toute l'Europe boréale et jusqu'en
Sibérie, elle vit également dans diverses provinces de France, et j'en
ai vu des exemplaires provenant des environs de Paris et des Pyrénées-Orientales; mais elle paraît être assez rare chez nous, car la plupart des collections que j'ai pu examiner possèdent seulement des
échantillons d'Allemagne.

OBS. C'est l'espèce la plus grande du genre, et il est facile de la
reconnaître au prolongement acuminé de ses élytres qui sont glabres.
La structure particulière des tibias chez le ♂ est aussi un excellent
caractère distinctif, bien qu'il ne puisse s'appliquer qu'à l'un des deux
sexes. De Geer a fait connaître la larve en même temps que l'insecte
parfait.

Les *L. pini, dilaticollis* et *subbrevis* de Motschulsky appartiennent
incontestablement à la synonymie du *lardarius :* l'auteur s'est laissé
égarer par la variabilité du prothorax, dont la longueur relative et
l'émargination latérale ne sont nullement constantes.

2. **Lathridius laticeps** BELON.

*Ovale allongé, entièrement d'un roux ferrugineux. Tête déprimée,
plus large, y compris les yeux, que le bord antérieur du corselet;
tempes peu allongées. Corselet presque carré, un peu plus long que
large, offrant deux faibles côtes discales, subsinueusement marginé
sur les côtés, avec les angles antérieurs arrondis, non lobés. Elytres
convexes, profondément ponctuées-striées, sérialement hérissées de
petites soies assez longues; la suture et les interstries alternes sont
faiblement carénés. Dessous du corps imponctué.*

Long. : 0ᵐ0019 [4/5 lign.]; — larg. 0ᵐ0005 [1/4 lign.]

Corps en ovale allongé, presque mat, entièrement d'un roux ferrugineux.

Tête assez courte, presque triangulaire, plus large, y compris les yeux, que le bord antérieur du corselet, rugueuse et inégale, assez déprimée et presque plane avec un sillon médian sur le vertex; tronquée à la base avec les angles droits, légèrement saillants; excavée longitudinalement près des yeux. *Epistome* court, séparé du front par une dépression arquée, qui aboutit de chaque côté à l'insertion antennaire. *Labre* transverse, subarrondi en devant.

Antennes grêles, insérées en dessus à l'angle antérieur du front, ayant leur 1ᵉʳ article épaissi, globuleux, le 2ᵉ moins dilaté, un peu plus court, subcylindrique (1).

Yeux arrondis, assez saillants, occupant environ la moitié latérale de la tête, à partir de l'insertion antennaire, peu éloignés du corselet par les tempes qui n'égalent pas la moitié du diamètre oculaire.

Pronotum presque carré, un peu plus long que large, coupé droit à la base et en devant, avec les angles antérieurs subarrondis, non distinctement dilatés en lobes; les côtés sont marginés d'une carène relevée d'abord assez fortement pour former comme un tubercule vers le quart antérieur, descendant ensuite en ligne sinuée vers la base où elle tombe à angle droit, vis-à-vis de la 4ᵉ strie des élytres; sur le milieu du disque on distingue 2 faibles carènes subparallèles, un peu arcuément divergentes dans leur tiers antérieur; la surface est creusée de fossettes, notablement plus profondes aux angles antérieurs et le long des côtés vers la base; elle est à peine excavée sur le disque entre les 2 côtes médianes.

Ecusson bien distinct, transverse.

Elytres ovales, convexes, sans impression transversale après la base, ponctuées-striées chacune de 8 séries de points très gros et profonds, émettant du fond une soie hérissée assez longue; interstries imponctués, les alternes faiblement relevés en côtes ainsi que la suture et la marge; le calus huméral est saillant, formé par le 7ᵉ inters-

(1) Cette description des antennes est forcément incomplète, ces organes ayant été malheureusement mutilés. D'après les souvenirs de M. Rey, elles étaient fort grêles et rappelaient un peu celles des *Dasycerus*, avec lesquels l'insecte présente une singulière analogie dans la conformation de sa tête.

trie qui est relevé en côte plus forte que les autres et se prolongeant jusqu'à la voussure des étuis ; arrondies et un peu dilatées sous l'épaule, elles s'atténuent en pointe obtuse qui dépasse un peu l'abdomen ; la 7ᵉ strie est profondément creusée et un peu déviée de sa direction à la hauteur des hanches postérieures ; le bord marginal est explané en gouttière ; le repli épipleural est inférieur, excavé et presque lisse dans toute sa longueur, assez large sous l'épaule, il se rétrécit peu à peu avec la courbure de l'élytre, et se termine vers le 5ᵉ arceau ventral.

Prosternum s'avançant entre les hanches antérieures en une lame à peu près aussi large que le trochanter.

Mésosternum court, formant entre les hanches médianes une plaque environ 2 fois plus large que la prosternale.

Métasternum allongé, imponctué ainsi que ses épipleures, un peu plus long que le 1ᵉʳ arceau ventral ; les fossettes post-coxales sont obsolètes, et leurs bords ne sont pas plissés ; la moitié basale est creusée longitudinalement d'une impression qui fait bomber les parties voisines.

Abdomen de 5 segments : le 1ᵉʳ égalant environ les 2 suivants réunis ; les 2ᵉ à 5ᵉ courts, subégaux.

Hanches antérieures insérées à peu près au milieu du prothorax, peu distantes ; les médianes environ une fois plus écartées ; les postérieures le sont notablement davantage.

Cuisses assez robustes, subcylindriques. *Tibias* moins épais, linéaires. *Tarses* ayant leur 1ᵉʳ article court, le 2ᵉ assez allongé ; le 3ᵉ égalant environ les 2 précédents pris ensemble. *Ongles* simples.

Habitat. Je ne connais qu'un seul exemplaire recueilli à Morgon par M. Rey, qui l'avait séparé dans sa collection sous le nom caractéristique que je lui ai conservé.

Obs. Les espèces qui avoisinent le *L. lardarius* n'ont pas les élytres entièrement arrondies à l'extrémité, mais plutôt subacuminées ; cependant elles ne sont jamais prolongées en forme de queue, et d'ailleurs elles sont sérialement hérissées de soies assez longues. Parmi celles qui présentent ce caractère, le *L. laticeps* se reconnaîtra de suite à la largeur et à la structure de sa tête.

3. **Lathridius angulatus** MANNERHEIM.

*Ovale, allongé, luisant, d'un roux ferrugineux avec les antennes et
les pattes plus claires. Tête moins large, y compris les yeux, que le
bord antérieur du corselet; tempes peu allongées. Massue des antennes
tri-articulée. Corselet allongé, rétréci à la base, offrant 2 côtes longitudinales sur le disque ; la marge latérale est relevée en côte bisinuée, avec les lobes antérieurs arrondis peu saillants. Elytres convexes,
sérialement hérissées de soies assez longues, présentant après la base
une dépression transversale obsolète, profondément ponctuées-striées,
avec les intervalles étroits, les alternes faiblement costiformes,
excepté le 7e qui est en carène très nette jusqu'au delà du milieu. Dessous du corps presque imponctué.*

♂ *Tibias antérieurs* légèrement incourbés.
♀ *Tibias antérieurs* droits.

Long. : 0ᵐ002 (9/10 lign.); — larg. : 0ᵐ0008 (3/10 lign.)

Lathridius angulatus MANNERHEIM, in Germ. Zeitschr, V. pag 74. — REITTER
    Stett. Ent. Zeit. 1875, pag. 318.
Lathridius angusticollis THOMSON, Skand. Col. V. pag. 216.
Lathridius undulatus MOTSCHULSKY, Bull. Mosc. 1866. III, pag. 242.

Corps en ovale allongé, luisant, entièrement d'un roux ferrugineux,
avec les parties buccales, les antennes et les pattes ordinairement un
peu plus pâles.

Tête un peu plus longue que large, à ponctuation rugueuse, inégale, plus ou moins canaliculée longitudinalement avec une dépression
subtriangulaire sur le vertex ; à un certain jour, on distingue en
avant 2 autres sillons obsolètes longitudinaux ; elle est moins large,
y compris les yeux, que le bord antérieur du corselet. *Front* séparé
de l'épistome par une dépression arquée, qui aboutit de chaque côté à
l'insertion antennaire. *Labre* transverse, subarrondi en devant. *Joues*
creusées d'un sillon limité en dessus par la marge du front et les yeux
et en dessous par une carène longitudinale de la gorge.

Antennes peu robustes, insérées en dessus à l'angle antérieur du
front, médiocres, dépassant faiblement les angles postérieurs du cor-

selet, composées de 11 articles : le 1ᵉʳ très gros, renflé, orbiculaire ;
le 2ᵉ beaucoup moins épais, quoiqu'il le soit encore un peu plus que
les suivants, presque anssi long que le 3ᵉ ; celui-ci allongé, subobconique, ainsi que les 4ᵉ à 8ᵉ qui décroissent insensiblement, de sorte
que le 8ᵉ paraît un peu plus court, mais il est encore beaucoup plus
long que large ; la massue est formée par les 3 derniers articles ; le 9ᵉ
est grêle à la base, allongé, obconique, aussi dilaté au sommet que
le suivant ; celui-ci épais, transverse, plus court que chacun de ceux
entre lesquels il se trouve ; le dernier, subégal au 9ᵉ. est obliquement
tronqué à l'extrémité.

Yeux arrondis, assez saillants, occupant environ la moitié latérale de
la tête à partir de l'insertion antennaire, peu éloignés du corselet
par les tempes qui n'égalent pas la moitié du diamètre oculaire.

Pronotum en carré oblong, distinctement plus long que large, un
peu rétréci à la base, coupé presque droit à la base et en devant avec
les angles antérieurs arrondis en lobe peu saillant et court, (s'étendant
à peine au quart de la longueur) ; la marge latérale relevée en côte
forme 2 sinuosités, la 1ʳᵉ moins profonde après le lobe antérieur, la 2ᵉ
presque anguleuse après le milieu, puis il tombe presque à angle droit
sur la base des élytres vers la 4ᵉ strie ; sur le disque 2 côtes subparallèles, un peu arcuément divergentes dans leur tiers antérieur ; une
profonde impression transverse au devant de la base ; plusieurs autres
excavations sur la surface qui est entièrement ponctuée-rugueuse.

Ecusson bien distinct, transverse.

Elytres ovales, convexes, offrant en arrière de leur base quelques
traces d'une dépression transversale, obsolète ; ponctuées-striées de
8 séries de points assez gros et profonds du centre desquels se dressent de petites soies assez longues ; interstries imponctués ; les alternes légèrement costiformes, le calus huméral est très saillant, formé
par le 7ᵉ interstrie qui est en carène très nette jusqu'au-delà du milieu ;
les élytres sont un peu dilatées après l'épaule, puis atténuées en pointe
obtuse à l'extrémité qui recouvre en entier l'abdomen sans le dépasser ; la 1ʳᵉ strie est un peu plus excavée sur la voussure, et la 7ᵉ l'est à
la hauteur des hanches postérieures ; le repli épipleural est assez large,
inférieur, se terminant vers le 5ᵉ arceau ventral.

Lame prosternale égalant à peine le trochanter, enfoncée et un peu
rétrécie entre les hanches antérieures, plus distincte en avant et en
arrière de celles-ci ; les flancs offrent 2 sillons transversaux,

Mésosternum court, formant entre les hanches médianes une plaque environ 2 fois plus large que la prosternale.

Métasternum allongé, imponctué avec ses épipleures ornées d'une série longitudinale de points parfois confluents, un peu plus long que le 1ᵉʳ segment ventral, s'avançant en lame entre les hanches médianes ; les fossettes post-coxales obsolètes, à bords non plissés ; la moitié basale est creusée longitudinalement d'une impression plus marquée dans l'un des sexes, qui fait bomber les parties voisines ; il existe au milieu de la base une légère échancrure.

Abdomen de 5 segments presque imponctués : le 1ᵉʳ égalant environ les 2 suivants réunis ; les 2ᵉ, 3ᵉ et 4ᵉ courts, subégaux, chacun avec une faible dépression transverse ; le 5ᵉ à peine plus long que le précédent.

Hanches antérieures insérées vers le milieu du prothorax, peu distantes ; les médianes environ 2 fois plus écartées ; les postérieures notablement davantage.

Cuisses assez robustes, subcylindriques, à peine dilatées vers le sommet, obsolètement canaliculées en dessous. *Tibias* presque linéaires, les antérieurs légèrement incourbés chez les ♂. *Tarses* ayant leur 1ᵉʳ article plus court que le 2ᵉ ; celui-ci assez allongé ; le 3ᵉ égalant au moins les 2 précédents réunis. *Ongles* simples.

Habitat. Cet insecte paraît se rencontrer dans toute l'Europe et au Caucase ; il n'est pas rare en France et en Corse.

Obs. On ne peut le confondre qu'avec le *L. productus* dont les élytres présentent également des séries de soies hérissées ; mais sa taille est un peu plus avantageuse, les lobes antérieurs de son corselet sont arrondis et peu saillants, et l'impression transversale après la base des élytres est à peine indiquée.

Entre tous les Lathridiens, cette espèce est une de celles qui possèdent le prothorax le plus étroit ; c'est sans doute pour ce motif qu'elle est ordinairement envoyée sous le nom d'*angusticollis*, et qu'elle est ainsi étiquetée dans la plupart des collections. M. Thomson lui-même lui donne cette appellation fautive, mais sa description se rapporte certainement à l'*angulatus* ; car le véritable *angusticollis* de Hummel, Gyllenhal et Mannerheim est dépourvu des soies hérissées en séries qui caractérisent l'espèce actuelle. Ces auteurs parlent, il est vrai, de quelques petits poils dressés épars sur les élytres dans les individus frais et bien conservés. Toutefois, leurs expressions ne peuvent s'appliquer ici : on les comprend au contraire aisément lorsqu'on a sous les yeux des exemplaires en bon état de l'*angusticollis* authentique, chez lesquels on aperçoit en effet au fond des points et à un certain jour quelques poils soyeux très courts dépassant à peine la surface des étuis.

Le *L. undulatus* de Motschulsky est vraisemblablement synonyme de l'*angulatus*, bien que l'auteur ne fasse pas mention dans sa diagnose des soies hérissées en séries sur les élytres ; en énumérant les caractères qui, d'après lui, sépareraient ces deux espèces, il n'aurait pas manqué de signaler celui-ci comme le plus important, tandis qu'il invoque seulement des différences dépourvues de toute valeur, eu égard à l'extrême variabilité de la sculpture.

4. **Lathridius productus** ROSENHAUER.

Ovale allongé, luisant, d'un roux ferrugineux ou d'un brun testacé avec les antennes et les pattes plus claires. Tête un peu moins large, y compris les yeux, que le bord antérieur du corselet ; tempes peu allongées. Massue des antennes tri-articulée. Corselet allongé, rétréci à la base, offrant 2 côtes longitudinales sur le disque ; la marge latérale est relevée en côte plus ou moins sinuée, avec les angles antérieurs prolongés en lobes très marqués et subacuminés. Elytres convexes, sérialement hérissées de soies assez longues, offrant après la base une impression transversale assez profonde, fortement ponctuées-striées, avec les intervalles étroits, les alternes à peine costiformes, excepté le 7e qui est en carène très nette jusqu'au delà du milieu. Dessous du corps presque imponctué.

♂ *Tibias antérieurs* faiblement incourbés.

Long. : 0ᵐ0017 à 0ᵐ0018 (3/4 à 4/5 lign.) ; — larg. : 0ᵐ0007 (1/3 lign.)

Lathridius productus ROSENHAUER, Thiere Andalus., pag. 351. — REITTER, Stett, Ent. Zeit. 1875, pag. 319.

Corps en ovale allongé, luisant, convexe, entièrement d'un roux ferrugineux ou d'un brun testacé avec les parties buccales, les antennes et les pattes ordinairement un peu plus pâles.

Tête moins large, y compris les yeux, que le bord antérieur du corselet, un peu plus longue que large, à ponctuation rugueuse inégale, plus ou moins canaliculée longitudinalement avec une dépression sub-triangulaire sur le vertex. *Front* séparé de l'épistome par une dépression arquée, qui aboutit de chaque côté à l'insertion antennaire. *Labre* transverse, subarrondi en devant. *Joues* creusées d'un sillon limité en dessus par la marge frontale et les yeux, et en dessous par une carène longitudinale de la gorge.

Antennes peu robustes, insérées en dessus à l'angle antérieur du front, médiocres, dépassant faiblement les angles postérieurs du corselet, composées de 11 articles : le 1ᵉʳ très gros, renflé, orbiculaire ; le 2ᵉ beaucoup moins épais quoiqu'il le soit encore un peu plus que les suivants, presque aussi long que le 3ᵉ ; celui-ci allongé, subobconique, ainsi que les 4ᵉ à 8ᵉ qui décroissent insensiblement de sorte que le 8ᵉ paraît un peu plus court, mais il est encore beaucoup plus long que large ; la massue est formée par les 3 derniers articles ; le 9ᵉ est grêle à la base, allongé, obconique, aussi dilaté au sommet que le suivant ; celui-ci épais, transverse, plus court que chacun de ceux entre lesquels il se trouve ; le dernier, subégal au 9ᵉ, est obliquement tronqué à l'extrémité.

Yeux arrondis, assez saillants, occupant environ la moitié latérale de la tête à partir de l'insertion antennaire, peu éloignés du corselet par les tempes qui n'égalent pas la moitié du diamètre oculaire.

Pronotum en carré plus long que large, rétréci à la base, coupé à peu près droit en devant avec les angles antérieurs prolongés en lobes très marqués et subacuminés ; la marge latérale relevée en côte est plus ou moins sinuée et tuberculeuse et vient tomber à angle droit sur la base des élytres vers la 4ᵉ strie (1); le disque est orné de 2 côtes longitudinales subparallèles, un peu arcuément divergentes dans leur

(1) Ce bourrelet latéral ne représente pas la véritable largeur du corselet, qui correspond plutôt à la 5ᵉ strie des élytres ; en outre, la forme du pronotum varie tellement, selon la position qu'on lui donne pour l'étudier, qu'il est à peu près impossible d'en donner une description reconnaissable. Je me suis demandé d'où pouvait provenir cette variabilité Après l'examen de nombreuses séries d'individus, je soupçonne que la membrane caduque qui accompagne souvent dans ce genre les flancs prothoraciques, doit y être pour quelque chose, suivant qu'elle se dessèche plus ou moins rapidement et qu'elle se réunit aux parties voisines, dont elle augmente le volume.

tiers antérieur ; une profonde impression transverse existe au devant de la base ; et la surface est entièrement ponctuée-rugueuse.

Ecusson bien distinct, transverse.

Elytres ovales, convexes, offrant avant leur milieu une dépression transversale très nette ; ponctuées-striées de 8 séries de points assez gros, du centre desquels se dressent de petites soies assez longues ; interstries étroits, imponctués, les alternes à peine costiformes, excepté le 7° qui forme le calus huméral saillant et se prolonge en carène très nette jusqu'au delà du milieu ; les élytres sont un peu dilatées après l'épaule, puis atténuées en pointe obtuse qui recouvre entièrement l'abdomen sans le dépasser ; la 1re strie est un peu plus excavée sur la voussure, et la 7° l'est à la hauteur des hanches postérieures ; le repli épipleural est assez large, inférieur, longitudinalement ponctué se terminant vers le 5° arceau ventral.

Lame prosternale égalant à peine le trochanter, enfoncée et un peu rétrécie entre les hanches antérieures, plus distincte en avant et en arrière de celles-ci ; les flancs offrent 2 sillons transversaux.

Mésosternum court, formant entre les hanches médianes une plaque environ 3 fois plus large que la prosternale.

Métasternum allongé, imponctué (à un certain jour, on distingue seulement 3 ou 4 points sur les épisternums) un peu plus long que le 1er segment ventral, s'avançant en lame entre les hanches médianes ; fossettes post-coxales transverses, obsolètes, reliées entre elles par un fin sillon transversal, à peine plissées sur les bords ; la moitié basale est creusée longitudinalement d'une impression, plus marquée dans l'un des sexes, qui fait bomber les parties voisines ; on distingue une légère échancrure au milieu de la base.

Abdomen de 5 segments presque imponctués : le 1er égalant environ les 2 suivants pris ensemble ; les 2°, 3° et 4° courts, subégaux, offrant chacun une faible dépression transverse ; le 5° à peine plus long que le 4°.

Hanches antérieures insérées vers le milieu du prothorax, peu distantes ; les médianes environ 2 fois plus écartées ; les postérieures, notablement davantage.

Cuisses assez robustes, presque cylindriques, à peine dilatées au bout, obsolètement canaliculées en dessous. *Tibias* presque linéaires, les antérieurs faiblement incourbés chez les ♂. *Tarses* à 1er article plus court que le 2° ; celui-ci assez allongé ; le 3° égalant au moins les 2 précédents pris ensemble. *Ongles* simples.

HABITAT. Cette espèce paraît plus méridionale que la précédente; on la rencontre en France du sud-est au sud-ouest. J'en ai vu des exemplaires d'Espagne, d'Italie, de Corse et d Algérie, et je suppose qu'elle habite toute la région circa-méditerranéenne. En Corse, on la prend souvent sur les aulnes M. Reitter l'indique en outre de l'Amérique du nord.

OBS. Extrêmement voisine de l'*angulatus*, dont elle n'est peut-être qu'une race méridionale, elle se distingue néanmoins par quelques caractères assez constants pour que je n'aie pas osé proposer leur réunion : sa taille est en effet un peu plus faible, son corselet est diversement construit, et surtout les angles antérieurs sont prolongés en lobes plus ou moins acuminés, au lieu d'être arrondis, enfin l'impression transversale des élytres à la base est ici toujours parfaitement marquée.

5. **Lathridius angusticollis** HUMMEL.

Ovale, ferrugineux ou d'un brun de poix, luisant, glabre, avec les antennes et les pattes ferrugineuses. Tête moins large que le bord antérieur du corselet ; tempes peu allongées. Massue des antennes triarticulée. Corselet un peu plus long que large, un peu plus étroit à la base, offrant 2 côtes discales, faiblement dilaté en lobes arrondis aux angles antérieurs, à côtés carénés inégalement sinués. Elytres à stries ponctuées, s'affaiblissant vers l'extrémité; la suture, la marge et les interstries alternes sont relevés en carènes plus ou moins distinctes à la base ; le 7° interstrie très saillant jusqu'au delà du milieu. Dessous du corps imponctué.

Long : 0^m 002 à 0^m 0022 (9/10 à 1 lign.); — larg.: 0^m 0009 à 0^m 001
(2/5 à 1/2 lign.)

Lathridius angusticollis HUMMEL. Ess. ent. IV, pag. 5. — GYLLENHAL., Ins. Suec. IV, pag. 136. — MANNERHEIM, in Germ. Zeitschr. V. page 71, n. 5. — J. DUVAL, Genera Col. II, pl. 59, fig. 291. — REDTENBACHER, Fauna Austr. 3e édit. pag. 416. — REITTER, Stett. Ent. Zeit. 1875, pag. 320.

Lathridius Pandellei BRISOUT. in Cat. Grenier 1863, pag. 71. n. 89.

Lathridius tremulæ THOMSON, Skandin. Col. X, pag. 335, n. 5.

Corps en ovale allongé, luisant, glabre, ferrugineux ou d'un brun de poix, avec les antennes et les pattes ferrugineuses. Dans les individus bien frais, on aperçoit au fond des points en séries sur les élytres, un poil doré, très court, mais ne formant pas des séries hérissées distinctes lorsqu'on les regarde de profil.

Tête assez courte, à peine aussi longue que large, moins large, y compris les yeux, que le bord antérieur du corselet, à ponctuation grossière, rugueuse, d'ordinaire sillonnée longitudinalement au milieu, avec la partie postérieure du vertex subexcavée transversalement. *Epistome* situé sur un plan inférieur et séparé du front par une dépression arquée en arrière, qui aboutit de chaque côté à l'insertion des antennes. *Labre* transverse, subarrondi aux angles antérieurs.

Antennes assez robustes, insérées en dessus à l'angle antérieur du front, aussi longues que la tête et le corselet pris ensemble, composées de 11 articles : le 1er orbiculaire, très renflé, plus long que le 2° qui est moins épais, bien qu'il le soit encore plus que les suivants ; articles du funicule obconiques, distinctement plus longs que larges, diminuant un peu de longueur vers le sommet, de sorte que le 8° est moins long que les autres ; le 9° article un peu plus épais à l'extrémité et plus long que le précédent, commençant réellement la massue, qui est plus dilatée au 10° article ; celui-ci plus large que long ; le 11° un peu plus long que le précédent, subtronqué obliquement au sommet.

Yeux arrondis, assez saillants, occupant à peine la moitié latérale de la tête à partir de l'insertion des antennes ; peu distants du corselet, les tempes n'égalant pas la moitié du diamètre oculaire.

Pronotum un peu plus long que large, un peu plus rétréci vers la base, subarcuément émarginé en devant, avec les angles antérieurs faiblement dilatés en lobes arrondis ; relevé en côte sur les bords latéraux qui sont inégalement sinués et viennent tomber rectangulairement sur la base qui est coupée droit, vis-à-vis du 5° interstrie des élytres ; sur le milieu du disque, on distingue 2 carènes arcuément divergentes dans leur tiers antérieur ; la surface est rugueusement ponctuée et excavée plus profondément le long des angles antérieurs et transversalement au devant de la base, elle est moins abaissée sur le disque entre les côtes médianes.

Ecusson distinct, transverse.

Elytres ovales, convexes, à peine transversalement déprimées en arrière de la base, ponctuées-striées chacune de 8 séries de points assez forts à la base, mais s'oblitérant peu à peu vers l'extrémité ; interstries lisses, les alternes relevés plus ou moins fortement en côte à la base, ainsi que la suture ; le calus huméral est saillant, formé par le 7e interstrie qui se prolonge en côte très nette jusque après le milieu ; la marge est relevée jusque vers l'extrémité ; arrondies et un peu dilatées sous l'épaule, elles s'atténuent peu à peu vers le sommet où elles s'arrondissent, à peine séparément, sans dépasser l'abdomen ; la 7e strie est profondément creusée et un peu déviée de sa direction à la hauteur des hanches postérieures ; avant la voussure des élytres, la strie juxta-suturale est aussi plus profondément sulciforme, et la surface contiguë paraît par suite un peu déprimée ; le repli épipleural est inférieur, médiocre et à peu près égal dans toute sa longueur, excavé ; on y distingue, à un certain jour, une série longitudinale de points obsolètes ; il se termine vers le 5e arceau ventral.

Prosternum étroit entre les hanches antérieures, où il n'égale pas la largeur du trochanter, se dilatant un peu tuberculeusement en arrière jusqu'au bord postérieur du segment.

Mésosternum court, formant entre les hanches médianes une plaque 2 fois plus large que la prosternale, nettement séparé du métasternum par une impression sulciforme.

Métasternum allongé, imponctué, égalant environ le 1er arceau ventral, avec une ligne de points bien distincts et serrés sur ses épipleures ; creusé en arrière des hanches médianes de 2 fossettes peu marquées, à bords plissés ; la moitié basale est excavée longitudinalement de manière à faire bomber légèrement les parties voisines ; on distingue une strie fine au fond de la dépression.

Abdomen de 5 segments imponctués : le 1er égalant environ les 2 suivants pris ensemble ; les 2e à 5e courts, subégaux.

Hanches antérieures insérées à peu près au milieu du thorax, peu distantes ; les médianes le sont au moins 2 fois plus, et les postérieures encore davantage.

Cuisses robustes, subcylindriques. *Tibias* peu épais, presque linéaires. *Tarses* ayant le 1er article court, le 2e plus allongé, le 3e égale les 2 précédents réunis. *Ongles* simples.

HABITAT. Cet insecte est répandu dans toute l'Europe et jusqu'en

Sibérie ; bien que j'en aie vu un certain nombre d'échantillons capturés dans les plaines de diverses provinces françaises, il paraît cependant affectionner les régions montagneuses, à en juger d'après
la quantité de ces dernières provenances, entre lesquelles je désignerai
spécialement les Vosges, le mont Pilat, la Grande-Chartreuse et les
Pyrénées. Je le crois moins commun que l'*angulatus*.

OBS. Le *L. angusticollis* est bien distinct des 3 espèces précédentes
par l'absence des séries de soies assez longues hérissées sur les élytres; alors même que les exemplaires sont frais et en bon état, les
petits poils dorés qu'on aperçoit çà et là au fond des points ne dépassent guères la surface des étuis si on les regarde de profil. Ses
élytres n'ont point de prolongement acuminé comme celles du *L. lardarius*, et leurs intervalles alternes ne sont relevés qu'à la base, tandis
qn'ils sont nettement costiformes et prolongés jusqu'à la voussure chez
les 2 autres espèces françaises appartenant au 1ᵉʳ sous-genre : *rugicollis* et *alternans*.

Mannerheim avait à sa disposition les types de Hummel; il est donc
indubitable que son *angusticollis* est réellement celui de l'auteur. Je
regarde pareillement la description de Gyllenhal comme se rapportant à cette même espèce, car la mention qu'il fait des petites soies
éparses sur les élytres dans les individus en bon état est reproduite
ici par Mannerheim, et j'ai expliqué plus haut (pag. 121) quel sens on
devait donner aux expressions dont tous les deux se sont servis. M.
Thomson, les ayant interprétées différemment, a été amené à considérer l'*angulatus* de Mannerheim comme synonyme de l'*angusticollis*
de Gyllenhal; c'est pourquoi il a décrit l'*angulatus* sous le nom d'*angusticollis*, et en revanche l'*angusticollis* véritable sous celui de
tremulæ.

M. Brisout de Barneville a séparé à la fois de l'*angusticollis* et de
l'*angulatus* un insecte qu'il appelle *L. Pandellei*; selon ma manière
de voir, les caractères qui le différencieraient de la première de ces
espèces n'ont pas une valeur suffisante, et en outre l'examen de plusieurs exemplaires déterminés par l'auteur lui-même m'a permis de
constater que la description de l'*angusticollis* authentique leur con
vient parfaitement.

6. **Lathridius rugicollis** OLIVIER.

Ovale, ferrugineux ou d'un brun clair, luisant, glabre. Tête moins large que le bord antérieur du corselet ; tempes peu allongées. Massue des antennes tri-articulée. Corselet carré, à peine aussi long que large, offrant 2 côtes discales, dilaté en lobe arrondi aux angles antérieurs, à peine sinué sur les côtés, qui sont faiblement marginés crénelés. Elytres à stries ponctuées, s'affaiblissant vers l'extrémité ; la suture, la marge et les 3 interstries alternes sont relevés en carènes, ordinairement très nettes, raccourcies vers la voussure. Dessous du corps imponctué.

Long. : 0ᵐ0019 à 0ᵐ002 (4/5 à 7/8 lign.); — larg. : 0ᵐ0008
à 0ᵐ 0009 (3/10 à 2/5 lign.)

Ips rugicollis OLIVIER, Ent. II. 18, pag. 13, 19 ; pl. 3, fig. 19, a. b.

Lathridius rugicollis GYLLENHAL, Ins. Suec. IV, pag. 137, n. 16. — MANNER-
HEIM, in Germ. Zeitschr. V, pag. 76, n. 11. — THOMSON, Skandin. Col. V,
pag. 217, n. 3. — REITTER, Stett. Ent. Zeit. 1875, page 321.

Corps ovale, luisant, glabre, ferrugineux ou d'un brun clair, avec les antennes et les pattes ordinairement plus pâles.

Tête presque carrée, moins large que le bord antérieur du corselet, rugueuse et inégale, transversalement subexcavée tout à fait en arrière, avec un sillon longitudinal médian plus ou moins distinct. *Epistome* situé sur un plan inférieur et séparé du front par une dépression arquée en arrière, qui aboutit de chaque côté à l'insertion des antennes. *Labre* transverse, subarrondi aux angles antérieurs.

Antennes assez robustes, insérées en dessus et à l'angle antérieur du front, environ aussi longues que la tête et le corselet pris ensemble, composées de 11 articles : le 1ᵉʳ renflé, orbiculaire, le plus gros de tous, plus long que le 2ᵉ, qui est moins épais, bien qu'il le soit encore plus que les suivants ; articles du funicule au moins aussi longs que larges, obconiques, subégaux ; le 9ᵉ aussi long que le précédent, mais un peu plus épais à l'extrémité et formant la massue avec les 10ᵉ et 11ᵉ qui sont très épais, plus larges que longs ; le dernier obliquement tronqué à l'extrémité.

Yeux arrondis, assez saillants, occupant la moitié latérale de la tête
à partir de l'insertion des antennes, peu éloignés du corselet par les
tempes qui n'égalent pas la moitié du diamètre oculaire.

Pronotum presque carré, à peine aussi long que large, arcuément
émarginé en devant avec les angles antérieurs arrondis et dilatés en
lobes ; les côtés faiblement marginés-crénelés sont à peine sinués et
viennent tomber rectangulairement sur la base qui est coupée droit,
où ils font face à la carène du 5ᵉ interstrie des élytres ; sur le milieu
du disque, on distingue 2 carènes longitudinales, arcuément divergentes dans leur tiers antérieur ; la surface est rugueuse et creusée de
fossettes plus profondes aux angles antérieurs et transversalement au-
devant de la base ; elle est peu creusée sur le disque entre les côtes
médianes.

Ecusson distinct, transverse.

Elytres ovales, convexes, sans impression transversale après la base,
ponctuées-striées chacune de 8 séries de points assez gros et profonds
à la base, mais s'oblitérant peu à peu vers l'extrémité ; interstries lisses, les alternes d'ordinaire nettement relevés en côtes ainsi que la
suture et la marge ; le calus huméral est saillant, formé par le 7ᵉ interstrie qui est relevé en côte un peu plus forte que les autres, et se prolongeant comme celles-ci jusqu'à la voussure des élytres où elles disparaissent ; arrondies et dilatées sous l'épaule, elles s'arrondissent ensemble à l'extrémité, sans dépasser l'abdomen ; la 7ᵉ strie est très profondément creusée à la hauteur des hanches postérieures, le repli épipleural est inférieur, médiocre dans toute sa longueur, se rétrécissant
peu à peu avec la courbure des élytres, excavé et marqué d'une ligne
longitudinale de points souvent obsolète, réduit à une tranche vers le
bout du 4ᵉ arceau ventral.

Prosternum très étroit entre les hanches antérieures, où il n'égale
pas la largeur du trochanter, déprimé et sillonné transversalement au
devant d'elles, se dilatant en arrière presque jusqu'au bord postérieur
du segment.

Mésosternum court, formant entre les hanches médianes une plaque
à peine concave longitudinalement, 2 fois plus large que la prosternale, et terminée par une dépression sulciforme entre les hanches
mêmes.

Métasternum allongé, imponctué, égalant environ le 1ᵉʳ arceau ventral, offrant une ligne de points sur ses épipleures ; creusé en arrière des hanches médianes de 2 fossettes bien marquées à bords plissés ; la moitié basale est sillonnée longitudinalement de manière à faire bomber légèrement les parties voisines ; on distingue une fine strie au fond de la dépression.

Abdomen de 5 segments imponctués : le 1er égalant environ les 2 suivants réunis, les 2e à 5e courts, subégaux.

Hanches antérieures insérées à peu près au milieu du prothorax, très peu distantes ; les médianes le sont au moins deux fois plus, et les postérieures encore davantage.

Cuisses robustes, peu renflées. *Tibias* peu épais, presque linéaires. *Tarses* ayant leur 1er article court, le 2e plus allongé, le 3e égale les 2 précédents réunis. *Ongles* simples.

HABITAT. Cette espèce ne paraît pas très commune en France. D'après Olivier, elle a été capturée aux environs de Paris ; les exemplaires que j'ai vus ont été recueillis au Mont-Dore, dans le Beaujolais et autour de Lyon, mais son aire de diffusion doit être plus étendue. Elle habite aussi les régions boréales de l'Europe (Scandinavie, Russie et Allemagne du Nord); elle vit cependant plus au sud, car on la rencontre en Autriche, et j'en possède un individu provenant de Carinthie. M. Reitter dit l'avoir trouvée en compagnie du *Silvanus similis* Er. dans l'intérieur vermoulu et moisi de pommes de pin tombées **avant** leur parfaite maturité, où s'étaient également développées des larves de l'*Ernobius mollis* L. et d'un *Pogonocharus*.

OBS. Reconnaissable entre toutes ses congénères françaises à la conformation particulière de son corselet carré, dépourvu de bourrelet marginal et à peine sinué sur les côtés, elle se distingue en outre des *L. laticeps*, *angulatus* et *productus*, par ses élytres glabres ; du *lardarius*, par l'absence de prolongement caudal ; de l'*angusticollis*, par ses intervalles alternes costiformes ; enfin de l'*alternans* avec lequel elle partage ce dernier caractère, par sa taille plus petite, par les lobes antérieurs du corselet plus saillants latéralement, par le 9e article des antennes plus dilaté au sommet, ce qui rend la massue plus décidément triarticulée, etc.

7. **Lathridius alternans** MANNERHEIM.

Ovale, allongé, d'un roux ferrugineux, luisant, glabre. Tête moins large que le bord antérieur du corselet; tempes peu allongées. Massue des antennes paraissant presque bi-articulée. Corselet un peu plus long que large, offrant 2 côtes discales, dilaté en lobe arrondi aux angles antérieurs, sinué sur les côtés qui sont relevés en bourrelet et incisés après le milieu. Elytres à stries ponctuées, s'affaiblissant vers l'extrémité ; la marge, la suture et les 3 intervalles alternes sont élevés en carènes assez nettes, raccourcies à la voussure. Dessous du corps imponctué.

♂ *Tibias antérieurs* légèrement, les médians fortement arqués avec la tranche interne ciliée et denticulée. *5ᵉ arceau ventral* tuberculeusement bombé de chaque côté de la dépression médiane.

♀ *Tibias* simples. *5ᵉ arceau ventral* uni.

Long.: 0ᵐ0025 (1 1/5 lign.); — larg.: 0ᵐ001 (1/2 lign.)

Lathridius alternans MANNERHEIM, in Germ. Zeitschr. V, pag. 76, n. 10. — THOMSON, Skandin. Col. X, pag. 334, n. 4. — REITTER, Stett. Ent. Zeit. 1875, pag. 321.

Corps en ovale allongé, luisant, glabre, entièrement d'un roux ferrugineux ou d'un brun de poix (1).

Tête presque carrée, notablement moins large que le bord antérieur du corselet, rugueuse et inégale, transversalement subexcavée tout à fait en arrière, avec un sillon longitudinal médian plus ou moins distinct, dont la marge est légèrement gonflée et forme presque une carène. *Epistome* situé sur un plan inférieur et séparé du front par une dépression arquée en arrière, qui aboutit de chaque côté à l'insertion des antennes. *Labre* transverse, subarrondi aux angles antérieurs.

Antennes assez robustes, insérées en dessus à l'angle antérieur du

____

(1) Chez les exemplaires bien frais, on aperçoit au fond des points sur les étuis, une soie très courte, non hérissée.

front, environ aussi longues que la tête et le corselet pris ensemble, composées de 11 articles : le 1ᵉʳ orbiculaire, très renflé, le plus gros de tous, plus long que le 2ᵉ qui est notablement moins épais, bien qu'il le soit encore un peu plus que les suivants ; articles du funicule obconiques, distinctement plus longs que larges, subégaux ; le 9ᵉ est à peine plus épais à l'extrémité que le précédent et de même longueur que lui, de sorte que la massue paraît commencer seulement au 10ᵉ article qui est nettement épaissi, obconique, plus long que large, un peu plus long que le 9ᵉ ; le dernier article n'égale pas le pénultième, aussi épais que lui, un peu obliquement tronqué au sommet.

Yeux arrondis, assez saillants, occupant à peine la moitié latérale de la tête à partir de l'insertion des antennes, peu éloignés du corselet par les tempes qui égalent environ la moitié du diamètre oculaire.

Pronotum presque carré, un peu plus long que large, arcuément émarginé en devant avec les angles antérieurs arrondis et dilatés en lobe ; la base est un peu plus étroite que le sommet, coupée droit avec les angles postérieurs presque rectangulaires, émoussés, faisant face à la carène du 5ᵉ interstrie des élytres ; les côtés sont marginés d'une carène qui forme un tubercule transversal assez marqué vers le tiers antérieur, puis sinueusement incisés après le milieu ; ils s'arrondissent de nouveau faiblement vers le quart postérieur ; sur le milieu du disque on distingue des carènes longitudinales arcuément divergentes dans leur tiers antérieur ; la surface est rugueuse et creusée de fossettes plus profondes aux angles antérieurs et transversalement au devant de la base ; elle est peu excavée sur le disque entre les côtes médianes.

Ecusson petit, mais très distinct, transverse.

Elytres ovales, convexes, sans impression transversale après la base, ponctuées-striées chacune de 8 séries de points assez gros et profonds à la base, mais s'oblitérant peu à peu vers l'extrémité ; interstries lisses, les alternes nettement relevés en côtes saillantes ainsi que la suture et la marge ; le calus huméral est saillant, formé par le 7ᵉ interstrie qui est relevé en côte un peu plus forte que les autres, et se prolongeant comme celles-ci jusqu'à la voussure des élytres, où elles disparaissent ; arrondies et un peu dilatées sous l'épaule, elles s'atténuent peu à peu vers l'extrémité où elles s'arrondissent ensemble, ou à peu près, sans dépasser l'abdomen ; la 7ᵉ strie est très profondément creusée et un peu déviée de sa direction à la hauteur des hanches postérieures ; sur la voussure des élytres, la strie juxta-suturale est aussi plus profondément sulciforme et la surface contiguë paraît un peu comprimée; le repli épipleural est inférieur, médiocre et à peu près égal dans toute sa longueur, lisse et excavé, réduit à une tranche seulement vis-à-vis du bout du 5e segment ventral.

Prosternum étroit mais séparant les hanches antérieures, en forme de lame aussi large que le trochanter, un peu saillante en arrière, presque jusqu'au bord postérieur du segment.

Mésosternum court, formant entre les hanches médianes une plaque longitudinalement concave, 2 fois plus large que la prosternale et séparée du métasternum par une dépression sulciforme entre les hanches.

Métasternum allongé, imponctué ainsi que ses épipleures, égalant environ le 1er arceau ventral, creusé en arrière des hanches médianes de 2 fossettes bien marquées, à bords plissés; la moitié basale est excavée longitudinalement de manière à faire bomber les parties voisines ; au fond de la dépression, on aperçoit une fine strie.

Abdomen de 5 segments imponctués : le 1er égalant environ les 2 suivants réunis ; les 2e à 5e courts, subégaux; chez le ♂, le dernier arceau est légèrement creusé au milieu et bombé de chaque côté en forme de 2 gros tubercules.

Hanches antérieures insérées à peu près au milieu du prothorax, peu distantes; les médianes environ 2 fois plus écartées ; les postérieures le sont notablement davantage.

Cuisses robustes, peu renflées. *Tibias* peu épais, linéaires ; chez le ♂ les antérieurs sont légèrement, les intermédiaires assez fortement incourbés avec leur tranche interne ciliée et garnie de 6 ou 7 petites denticulations, qui sont situées à peu près à égale distance les unes des autres. *Tarses* ayant leur 1er article court ; le 2e plus allongé; le 3e égale au moins les 2 précédents réunis. *Ongles* simples.

HABITAT. Cet insecte rare, qui n'avait été signalé jusqu'ici que d'Allemagne, d'Autriche et d'Italie, appartient aussi à la faune française, car j'en ai vu dans la collection de M. Rey un échantillon provenant du Bugey. Les exemplaires que je possède ont été recueillis en Hongrie méridionale. Suivant M. Reitter, il vit sous l'écorce des chênes.

Obs. Bien que rapproché des *Coninomus* par plusieurs particularités de son organisation, le *L. alternans* appartient aux *Lathridius* vrais, où il vient se ranger à côté du *rugicollis*, avec lequel il possède en commun des élytres non hérissées de soies en séries et les intervalles alternes nettement costiformes. Il est néanmoins très facile de le distinguer de son congénère : sa taille est en effet plus grande, égalant presque celle du *lardarius*, son corselet est assez fortement incisé au milieu de ses côtés, le 9ᵉ article de ses antennes est à peine plus gros que le 8ᵉ et beaucoup plus étroit que le 10ᵉ, ce qui donne à la massue l'apparence d'être seulement bi-articulée, enfin les caractères du ♂ sont remarquables.

8. **Lathridius [Coninomus] nodifer** WESTWOOD.

Ovale, allongé, glabre, luisant, noir ou brun de poix avec les antennes et les pattes ferrugineuses. Tête un peu moins large que le bord antérieur du corselet ; tempes aussi longues que le diamètre oculaire. Massue des antennes tri-articulée. Corselet plus long que large, offrant 2 côtes discales, fortement incisé sur les côtés après le milieu. Elytres allongées, transversalement déprimées au milieu et avant le milieu, fortement ponctuées-striées, avec les intervalles alternes carénés, le 3ᵉ présentant après le milieu et le 5ᵉ avant son extrémité un tubercule abrupt.

♂ *Tibias postérieurs* très dilatés offrant vers le quart apical de leur tranche interne une entaille très profonde.

♀ *Tibias postérieurs* non dilatés, sans entaille ; se rétrécissant en courbe.

Long. 0ᵐ0018 à 0ᵐ002 (4/5 à 7/8 lign.) ; — larg. : 0ᵐ0007 à 0ᵐ0008
(1/3 à 3/10 lign.)

Lathridius nodifer WESTWOOD, Introd. to the modern. classif. of Insects I, pag. 155, pl. 13, fig. 23. — THOMSON, Skand. Col. X, pag. 54, n. 3. — REITTER, Stett. Ent. Zeit. 1875, pag. 324.

Lathridius antipodum WHITE. Voy. Ereb. et Terror. 1846, p. 18.

Aridius nodulosus MOTSCHULSKY, Bull. Mosc. 1866, III, pag. 261, pl. 6, fig. 7.

Corps en ovale allongé, peu convexe, luisant, glabre, entièrement noir ou d'un brun de poix, à l'exception des antennes et des pattes qui sont totalement ou au moins partiellement d'un testacé ferrugineux.

Tête oblongue, à peine moins large, y compris les yeux, que le bord antérieur du corselet, rugueusement ponctuée sur toute sa surface, longitudinalement canaliculée dans son milieu, avec les bords du sillon paraissant à un certain jour obsolètement carénés.

Front séparé de l'épistome par une dépression arquée, qui aboutit de chaque côté à l'insertion antennaire. *Labre* court, transverse, avec les angles antérieurs arrondis. *Joues* creusées d'un sillon limité en dessus par les yeux et en dessous par une faible carène longitudinale de la gorge.

Antennes assez grêles, insérées en dessus à l'angle antérieur du front, courtes, ne dépassant guère les 2/3 latéraux du corselet, composées de 11 articles ; le 1ᵉʳ très épais, subhémisphérique, le 2ᵉ subglobuleux un peu moins épais et moins long ; le 3ᵉ et les suivants jusqu'à la massue subcylindriques, assez grêles, tous allongés, à peu près égaux entre eux ; la massue nettement formée par les 3 derniers articles, le 9ᵉ et le 10ᵉ subobconiques, celui-ci transverse, un peu moins long que le précédent ; le 11ᵉ en ovale subtronqué au bout, n'égalant pas les 2 autres pris ensemble.

Yeux arrondis, saillants, occupant environ le 1/3 latéral de la tête et séparés du prothorax par les tempes qui sont aussi allongées que le diamètre oculaire.

Pronotum plus long que large, couvert sur toute sa surface d'une ponctuation rugueuse, tronqué droit en devant avec les angles antérieurs arrondis, un peu dilaté, arrondi sur les côtés avec la marge latérale finement relevée et crénelée, et souvent accompagnée d'une membrane caduque, profondément incisé-échancré après le milieu, avec sa partie postérieure transverse un peu boursouflée ; les angles postérieurs droits émoussés font à peu près face à la 5ᵉ strie des élytres ; le disque offre 2 côtes longitudinales bien marquées presque parallèles, arcuément un peu divergentes au 1/3 antérieur ; la surface intercostale est excavée longitudinalement.

Ecusson distinct, assez petit, transverse.

Elytres en ovale allongé, peu convexes, offrant une forte impression transversale qui s'étend du tiers antérieur au milieu, coupées presque

droit à la base, avec les épaules arrondies et le calus huméral formé
par le 7° interstrie qui est relevé en côte saillante se prolongeant plus
ou moins et parfois jusqu'à la voussure apicale ; légèrement relevées
en gouttière au bord latéral, en courbe un peu dilatée à la hauteur du
métasternum, puis régulièrement ovales, recouvrant en entier l'abdomen et s'arrondissant ensemble à l'extrémité ; les intervalles alternes
sont relevés en carènes, le 3° est interrompu par la dépression transverse et fortement tuberculiforme après le milieu, le 5° parallèle jusque vers la moitié se courbe un peu en arc vers le dehors, et se termine
en tubercule abrupt à la voussure ; ces côtes sont séparées par 2 séries de gros points laissant entre elles un intervalle étroit, imponctué ;
les stries 7° et 8° sont fortement excavées avant et après leur milieu ;
le repli épipleural est inférieur, de largeur médiocre, se rétrécissant
peu à peu avec la courbure des élytres, réduit à une tranche vers le
milieu du dernier arceau ventral.

Lame prosternale égalant à peu près le trochanter, peu saillante, ne
paraissant pas prolongée après les hanches.

Mésosternum court, s'avançant en lame assez large entre les hanches médianes.

Métasternum à peine plus long que le 1ᵉʳ arceau ventral, offrant en
arrière des hanches médianes 2 fossettes plus ou moins obsolètes avec
les bords finement plissés ; ces fossettes sont reliées entre elles par un
sillon transverse au milieu duquel prend naissance un sillon longitudinal se continuant jusqu'à la base et faisant bomber les parties voisines.

Abdomen de 5 segments, imponctué ; le 1ᵉʳ le plus long, égalant
environ les 2 suivants réunis ; les 2° à 4° courts, subégaux entre eux ;
le 5° est un peu plus long que le précédent. Entre les hanches postérieures, le 1ᵉʳ arceau est creusé d'une profonde fossette qui occupe le
tiers basal ; cette fossette paraît moins marquée dans la ♀.

Hanches antérieures peu distantes ; les médianes le sont environ 2
fois plus ; les postérieures s'écartent notablement davantage.

Cuisses pas très robustes, peu dilatées au milieu, à peine canaliculées en dessous. *Tibias* légèrement arqués sur leur tranche externe ;
les 4 antérieurs subcylindriques, les postérieurs assez fortement dilatés chez les ♂ avec une entaille profonde située vers le 1/4 apical
de leur tranche interne ; chez les ♀, les postérieurs sont dépourvus

d'entaille, à peine dilatés, et se rétrécissant en courbe. *Tarses* ayant leurs 2 premiers articles peu allongés, presque égaux (le 2ᵉ est cependant un peu plus long); le 3ᵉ égale les 2 précédents pris ensemble. *Ongles* simples.

Habitat. Erichson prétend que cette espèce est originaire de la Nouvelle-Hollande et de la Nouvelle-Zélande : elle a en effet un faciès exotique. Quoi qu'il en soit, elle s'est parfaitement acclimatée en Angleterre où on la trouve assez fréquemment près des racines du *Crataegus oxyacantha* et probablement aussi de plusieurs autres plantes. J. Duval ne la connaissait point lorsqu'il publia le 2ᵉ volume de son Genera; il la range parmi les espèces douteuses, mais depuis lors elle s'est rapidement répandue par toute la France. Elle paraît très commune sur nos côtes occidentales : je l'ai prise en quantité à Arcachon sur des bûches de pin couvertes de moisissure. Elle vit aussi à Paris, à Lyon, etc. J'en possède également des exemplaires provenant du Sénégal et des îles Açores.

Obs. Ses élytres tuberculées et sa massue tri-articulée la distinguent nettement des autres espèces du sous-genre *Coninomus.*

Les différences signalées par Motschulsky en caractérisant son *Aridius nodulosus* ne me semblent pas suffisantes pour le séparer spécifiquement du *nodifer*, dont la coloration et la sculpture sont sujettes à varier selon le degré de maturité de l'insecte.

9. **Lathridius [Coninomus] constrictus** Hummel.

Allongé, peu convexe, glabre, luisant, d'un testacé plus ou moins rembruni, avec les antennes et les pattes plus claires. Tête moins large que le bord antérieur du corselet; tempes allongées, égalant le diamètre oculaire. Massue des antennes bi-articulée. Corselet à peine aussi long que large, offrant sur le disque 2 fines carènes longitudinales assez distinctes, fortement incisé sur les côtés après le milieu. Elytres ponctuées-striées, avec les intervalles étroits, les alternes à peine costiformes. Dessous du corps presque imponctué. Hanches antérieures séparées par la lame prosternale qui égale à peu près le trochanter.

♂ *Tibias* antérieurs courbés.

Long. : 0ᵐ0015 à 0ᵐ0017 (2/3 à 3/4 lign.); — larg. : 0ᵐ0005 (1/4 lign.)

Lathridius constrictus, Hummel. Ess. Ent. IV, p. 13. — Gyllenhal. Ins.
Succ. IV, pag. 138, n. 18. — Mannerheim, in Germ. Zeitschr. V, p. 82,
n. 17. — Thomson, Skandin. Col. V, pag. 218, n. 1. — Kraatz, Berl. Ent.
Zeitschr. XIII. 1869, pag. 273-274. — Reitter, Stett. Ent. Zeit. 1875, p. 324.

Lathridius monticola Mannerheim, in Germ. Zeitschr. V, pag. 82, n. 18.

Corps allongé, ovale, peu convexe, glabre, assez luisant, d'un brun
testacé plus ou moins clair par places, ordinairement d'un brun noir
en dessous, parfois entièrement ferrugineux, avec les antennes, les
pattes et les parties buccales plus claires.

Tête oblongue, moins large que le bord antérieur du corselet, rugueusement ponctuée, plus ou moins canaliculée longitudinalement
au milieu, les bords de ce sillon paraissant, à un certain jour, et au
moins en devant, faiblement relevés en carènes, ainsi que le bord
marginal à partir des antennes. *Front* séparé de l'épistome par une dépression arquée qui aboutit de chaque côté à l'insertion antennaire.
Labre transverse, avec les angles antérieurs arrondis. *Joues* creusées
d'un sillon presque droit limité en dessus par la marge du front et
les yeux, et en dessous par une carène longitudinale de la gorge.

Antennes peu robustes, insérées en dessus à l'angle antérieur du
front, courtes, ne dépassant guère la moitié du corselet, composées
de 11 articles : le 1ᵉʳ globuleux, très épais ; le 2ᵉ subcylindrique, un
peu plus long que large, beaucoup moins gros que le 1ᵉʳ, mais plus
gros que les suivants ; les 3ᵉ à 5ᵉ subcylindriques, un peu plus longs
que larges ; les 6ᵉ à 9ᵉ petits, presque transverses ; le 9ᵉ à peu près
aussi mince que les précédents ; les 10ᵉ et 11ᵉ formant abruptement la
massue, dont le pénultième article est moitié moins long que le dernier ; celui-ci en ovale allongé, subtronqué au sommet.

Yeux arrondis, saillants, occupant environ le tiers latéral de la tète,
éloignés du corselet par les tempes qui égalent le diamètre oculaire.

Pronotum couvert sur toute sa surface d'une ponctuation rugueuse,
à peine aussi long que large, tronqué droit au sommet et à la base,
avec les angles antérieurs arrondis, finement marginé sur les côtés

qui sont peu dilatés dans leur tiers antérieur et profondément
incisés en arrière du milieu, offrant souvent une membrane latérale
qui est caduque : orné sur le disque de 2 fines carènes longitudinales, un peu divergentes au tiers antérieur, où elles sont moins
nettement marquées ; plus ou moins excavé entre ces côtes et le long
des marges latérales, avec un sillon transverse au devant de la base,
dont les angles postérieurs font face à la 5ᵉ strie des élytres.

Ecusson distinct, assez petit, transverse.

Elytres en ovale allongé, peu convexes, tronquées droit à la base
avec les épaules arrondies, moitié plus larges que le bord postérieur
du corselet, faiblement dilatées sous l'épaule, puis presque parallèles
et s'arrondissant ensemble au sommet où elles recouvrent entièrement l'abdomen ; calus huméral saillant, formé par le 7ᵉ interstrie qui
est relevé en côte, ainsi que les autres intervalles alternes, mais
ceux-ci sont à peine costiformes, étroits et imponctués ; les stries
ponctuées sont au nombre de 8, formées de gros points à peine moins
marqués à l'extrémité, la 1ʳᵉ est en sillon un peu plus marqué avant
la voussure des élytres ; le rebord est à peine relevé en gouttière ; le
repli épipleural médiocre est complètement inférieur et se prolonge
presque jusqu'à l'extrémité.

Lame prosternale égalant à peu près le trochanter, assez distincte
entre les hanches antérieures, après lesquelles elle fait saillie sous la
forme d'un tubercule allongé, parfois obsolète.

Mésosternum court, formant entre les hanches médianes une plaque au moins 2 fois plus large que la prosternale.

Métasternum allongé, imponctué, au moins égal au 1ᵉʳ arceau ventral, avec ses épipleures offrant une série longitudinale de points,
creusé de chaque côté d'une fossette arrondie immédiatement au-
dessous de la hanche médiane ; les bords de ces fossettes forment des
plis étoilés sur la surface ; une dépression arquée les réunit transversalement, et du milieu de cette dépression part un sillon longitudinal qui vient rejoindre la base, en faisant bomber plus ou moins les
parties voisines.

Abdomen de 5 segments, presque imponctués : le 1ᵉʳ le plus long,
égalant environ les 2 suivants réunis, offrant entre les hanches postérieures une excavation profonde qui occupe au moins un tiers de la
partie basale ; le centre de cette excavation présente une petite sail-

lie lisse en ovale transverse, qui ne paraît pas exister chez la ♀, où l'excavation est aussi moins profonde ; les 2ᵉ, 3ᵉ et 4ᵉ arceaux sont courts, presque égaux entre eux ; le 5ᵉ est un peu plus allongé que le précédent.

Hanches antérieures distantes ; les médianes au moins deux fois plus largement ; les postérieures s'écartent encore davantage.

Cuisses assez robustes, à peine claviformes, les antérieures un peu plus dilatées, sub-canaliculées en dessous. *Tibias* presque cylindriques, les antérieurs un peu arqués chez les ♂. *Tarses* ayant leurs 2 premiers articles subégaux, un peu plus longs que larges ; le 3ᵉ très allongé, dépassant les 2 premiers pris ensemble. *Ongles* simples.

HABITAT. On le trouve dans toute l'Europe boréale et centrale, sous l'écorce des arbres morts.

OBS. Cette espèce et la suivante ont à peu près le faciès des *Cartodere* et elles forment une transition naturelle entre ce dernier genre et les *Lathridius* vrais ; mais les côtes discales du pronotum et les antennes insérées à peu de distance au-devant des yeux montrent qu'elles appartiennent à la division actuelle, où elles forment un petit groupe très distinct par son aspect particulier, par ses tempes allongées, par son corselet profondément incisé après le milieu et par leur massue antennaire nettement bi-articulée. — Le caractère principal qui sépare le *L. constrictus* du *carinatus* consiste dans la largeur relative de la plaque prosternale, par suite de laquelle les hanches antérieures sont réellement distantes ; on peut y ajouter, comme différences secondaires, que la forme générale paraît proportionnellement un peu plus allongée, que la coloration est ordinairement plus claire, que les côtes discales du corselet sont assez nettes et que les intervalles costiformes des élytres sont moins sensibles.

La plupart des collections que j'ai visitées renferment sous le nom de *L. constrictus* des exemplaires de la *Cartodere elongata*, Curtis. Cette détermination fautive, qu'il faut sans doute attribuer à une tradition inexacte et peut-être aussi à la synonymie adoptée par Mannerheim, synonymie qui était de nature à confirmer cette erreur, semble en outre justifiée par la description de Gyllenhal qui ne fait aucune mention des côtes longitudinales du pronotum. Telle était probablement l'opinion de M. Thomson, lorsqu'il publia son 1ᵉʳ volume des SKANDINA-

VIENS COLEOPTERA, où il indique le *L. constrictus* Gyllenhal, comme le type de son nouveau genre *Cartodere*, caractérisé par ces mots : « *Thorax dorso haud bicarinato*, etc. » Depuis lors, il a donné *(loc. cit.* V, page 218) à la diagnose de Gyllenhal, son interprétation véritable. J'ignore s'il a eu à sa disposition des exemplaires typiques, mais l'étude attentive des textes a pu le conduire à ce résultat : en effet, si l'auteur suédois ne parle pas des carènes prothoraciques, il dit pourtant que le corselet est « *in parte antica canalicula abbreviata impressa notatus* », expressions qui ne sauraient s'appliquer à aucune espèce de *Cartodere* ; et Mannerheim a d'ailleurs parfaitement réparé cette omission en ajoutant « *canalicula abbreviata et ad illam utrinque costula obsoleta notatus* ». Il ne peut par conséquent rester aucun doute sur l'identité de l'espèce actuelle.

Le *L. monticola* Mann. n'est certainement qu'une variation individuelle du *constrictus*.

10. **Lathridius** [**Coninomus**] **carinatus** GYLLENHAL.

Allongé, peu convexe, glabre, presque luisant, d'un brun ferrugineux, avec les antennes et les pattes plus claires. Tête moins large que le bord antérieur du corselet ; tempes allongées, égalant le diamètre oculaire. Massue des antennes bi-articulée. Corselet un peu plus long que large, offrant sur le disque 2 carènes longitudinales peu distinctes, fortement incisé sur les côtés après le milieu. Elytres ponctuées-striées avec les intervalles étroits, les alternes costiformes. Dessous du corps presque imponctué. Hanches antérieures subcontiguës, la lame prosternale étant extrémement mince.

♂ *Tibias antérieurs* assez fortement incourbés.

Long. : 0ᵐ0015 (2/3 lign.); — larg. : 0ᵐ0005 (1/4 lign.)

Lathridius carinatus GYLLENHAL, Ins. Suec. IV, p. 137, n. 17.— MANNERHEIM, in Germ. Zeitschr. V, pag. 78, n. 13. — THOMSON Skand. Col. V, p. 218, n. 2. — KRAATZ, Berl. Ent. Zeitschr. XIII.1869, pag. 273-274. — REITTER, Stett. Ent. Zeit. 1875, pag. 323.

Lathridius limbatus FŒRSTER, Uebers. d. Kæf. d. Rheinpr. pag. 38.

Lathridius incisus MANNERHEIM, in Germ. Zeitschr. V, pag. 80, n. 15.

Corps allongé, ovale, peu convexe, glabre, presque luisant, d'un brun ferrugineux obscur, avec les antennes, les pattes et les parties buccales plus claires.

Tête oblongue, moins large que le bord antérieur du corselet, à ponctuation rugueuse et inégale, plus ou moins canaliculée longitudinalement et bicarénée. *Epistome* séparé du front par une dépression arquée, qui aboutit de chaque côté à l'insertion antennaire. *Labre* transverse, avec les angles antérieurs arrondis. *Joues* creusées d'un sillon limité en dessus par la marge du front et les yeux, et en dessous par une carène longitudinale de la gorge.

Antennes peu robustes, insérées en dessus à l'angle antérieur du front, courtes, ne dépassant guère la moitié du corselet, composées de 11 articles : le 1er très renflé, globuleux ; le 2e subcylindrique, un peu plus long que large, moins épais que le 1er mais plus gros que les suivants ; les 3e à 5e un peu plus longs que larges; les 6e à 9e presque transverses ; le 9e à peine plus large que les précédents ; les 10e et 11e formant une massue assez abrupte, dont le pénultième article est moins long que le dernier ; celui-ci en ovale allongé, obliquement subtronqué au bout.

Yeux arrondis, proéminents, occupant environ le tiers latéral de la tête, éloignés du corselet par les tempes qui égalent le diamètre oculaire.

Pronotum un peu plus long que large, rugueusement ponctué, tronqué droit au sommet et à la base avec les angles antérieurs arrondis, finement marginé sur les côtés qui sont dilatés-arrondis antérieurement et profondément incisés après le milieu, souvent accompagnés d'une membrane latérale caduque ; le disque est orné de 2 carènes longitudinales peu distinctes, légèrement divergentes en devant, plus ou moins creusé entre les carènes et le long des marges latérales, avec un sillon transverse au devant de la base ; angles postérieurs droits, faisant face à la 5e strie des élytres.

Ecusson distinct, assez petit, transverse.

Elytres en ovale allongé, peu convexes, avec les épaules arrondies, légèrement dilatées sous l'épaule, puis presque parallèles et s'arrondissant ensemble au sommet en recouvrant entièrement l'abdomen ; calus huméral saillant, formé par le 7e interstrie, qui est nettement relevé en côte ainsi que les intervalles alternes ; le rebord externe est

à peine relevé en gouttière ; il existe 8 stries ponctuées assez fortement, la 1ʳᵉ est en sillon un peu plus marqué avant la voussure des
élytres ; le repli épipleural médiocre est inférieur et se prolonge presque jusqu'à l'extrémité.

Lame prosternale extrêmement étroite entre les hanches antérieures, après lesquelles elle paraît ne pas se prolonger.

Mésosternum court, formant entre les hanches médianes une plaque
beaucoup plus large que la prosternale.

Métasternum allongé, imponctué, égalant au moins le 1ᵉʳ arceau
ventral, creusé immédiatement en arrière de chacune des hanches
médianes d'une fossette arrondie, à bords formant des plis étoilés sur
la surface ; ces fossettes sont réunies transversalement par une dépression arquée du milieu de laquelle part un sillon longitudinal allant
rejoindre la base et faisant bomber plus ou moins les parties voisines.

Abdomen de 5 segments, presque imponctués : le 1ᵉʳ le plus long
égalant à peu près les 2 suivants réunis, offrant entre les hanches postérieures une excavation assez profonde, dont les bords sont parfois
finement plissés ; les 2ᵉ à 5ᵉ sont courts et presque égaux entre eux,
ou bien le dernier est plus allongé que le 4ᵉ.

Hanches antérieures subcontiguës ; les médianes nettement distantes ; les postérieures s'écartent encore davantage.

Cuisses assez robustes, à peine claviformes, subcanaliculées en dessous. *Tibias* presque linéaires, les antérieurs assez fortement incourbés chez les ♂. *Tarses* ayant leurs 2 premiers articles subégaux, un
peu plus longs que larges ; le 3ᵉ est plus allongé que les 2 précédents
pris ensemble. *Ongles* simples.

Habitat. Cette espèce vit, comme la précédente, sous l'écorce des
arbres morts, dans toute l'Europe boréale et centrale.

Obs. Extrêmement voisine de sa congénère, elle s'en distingue par
les carènes prothoraciques moins marquées, par les côtés du corselet
moins arrondis-dilatés avant le milieu, par les intervalles des élytres
plus nettement costiformes, par sa forme générale un peu moins
étroite, et surtout par le rapprochement des hanches antérieures entre lesquelles la lame prosternale est réduite à une carène très mince.
Ce dernier caractère est réellement le seul qui me paraisse avoir une
valeur incontestable, tous les autres étant sujets à des variations plus
ou moins considérables.

M. Reitter assure, après l'examen d'échantillons typiques, que le *L. limbatus* est synonyme de l'espèce actuelle et non pas de la précédente, comme le supposait M. Thomson. Il faut également y réunir le *L. incisus*.

Genre *Cartodere*, Thomson.

THOMSON, SKAND. Coleopt. V, pag. 219.

Etymologie : καρτος, coupé ; δερη, cou.

CARACTÈRES. *Corps* allongé, étroit et plus ou moins déprimé. *Tête* plus longue que large, obsolètement canaliculée au milieu. *Epistome* déprimé en arc et situé sur un plan un peu inférieur au front. *Antennes* de 11 articles, insérées en dessus aux angles antérieurs du front, à une distance notable des yeux, et terminées par une massue le plus souvent nettement tri-articulée, rarement bi-articulée. *Yeux* latéraux, peu saillants, très petits, n'occupant jamais plus du tiers de la partie latérale de la tête à partir de l'insertion antennaire. *Pronotum* sans côtes longitudinales sur le disque, plus ou moins sinué ou rétréci latéralement, et presque toujours déprimé transversalement avant sa base, souvent accompagné sur les côtés d'une membrane caduque. *Ecusson* très petit, punctiforme, peu distinct. *Elytres* non soudées, elliptiques ou linéaires, offrant chacune de 6 à 8 stries ponctuées, avec les intervalles étroits. *Prosternum* très étroit et parfois même interrompu entre les hanches antérieures, après lesquelles il se prolonge. *Propleures* sans fossettes pour loger la massue des antennes au repos. *Mésopleures* plus courtes que les métapleures. *Hanches* antérieures subdistantes ; les médianes nettement séparées ; les postérieures notablement davantage. *Abdomen* de 5 segments : le 1er égalant à peine ou surpassant les 2 suivants réunis ; les 4 autres courts, subégaux, ou le dernier un peu plus allongé que le précédent. *Cuisses* robustes, épaissies vers le sommet. *Tibias* ciliés sur leur tranche interne (1). *Tarses* offrant leurs 2 premiers articles courts, subégaux.

(1) Dans sa Diagnose générique, M. Reitter signale, en outre, les tibias crénelés ; mais je n'ai pu distinguer ce caractère.

Obs. Par sa forme générale allongée et plutôt déprimée, comme aussi par l'existence fréquente sur les côtés du corselet d'une membrane caduque, ce genre venait assez naturellement se placer près des derniers *Lathridius* (sous-genre *Coninomus*); on y retrouve même, comme chez ceux-ci, une espèce dont la massue antennaire est biarticulée, nouvelle preuve que ce caractère ne saurait avoir une valeur générique dans le groupe actuel. Les *Cartodere* ont aussi avec les *Revelieria* de grandes affinités de structure : par exemple, la forme de la tête, la petitesse des yeux, le corselet sans côtes longitudinales et orné généralement d'une simple impression transverse au devant de la base, l'allongement plus considérable du 1ᵉʳ segment abdominal, etc. Mais il me semble que le faciès est trop différent pour justifier un voisinage immédiat; des élytres non soudées, plus ou moins déprimées, allongées, avec un système de ponctuation tout différent, exigent plutôt leur éloignement.

L'absence de côtes et de fossettes sur la moitié antérieure du pronotum les sépare au premier coup d'œil des 2 genres entre lesquels je les place. Une espèce, il est vrai, présente sur le disque une fossette à peu près semblable à celle des *Enicmus*; néanmoins on ne la rangera point parmi ces derniers, pour peu qu'on veuille examiner les caractères indiqués plus haut.

Six espèces françaises appartiennent à ce charmant petit groupe. Le tableau suivant, dans lequel j'ai fait entrer aussi une espèce nouvelle d'Algérie et une autre du Caucase qui a beaucoup d'affinité avec les nôtres, facilitera leur détermination.

A *Yeux* séparés du corselet par des tempes allongées (1). *Elytres* offrant leurs intervalles alternes (sauf parfois le 5ᵉ) relevés en côtes.

  a. *Les 3ᵉ et 7ᵉ interstries* seuls en carènes saillantes. *Tête* très allongée. *Massue antennaire* peu tranchée. *Corselet* ovale . . . . GODARTI.

  aa. *Les 3ᵉ, 5ᵉ et 7ᵉ interstries* costiformes. *Corselet* plus ou moins cordiforme.

(1) Ce caractère ne convient peut-être pas à la *C. elegans*, que je n'ai point vue en nature ; mais le suivant suffit à placer l'espèce dans cette 1ʳᵉ division.

   b. *Une pilosité* très fine, mais distincte. *Corselet* à peine impressionné au devant de la base. . . . . PILIFERA.

  bb. *Dessus* entièrement glabre. *Impression anté-basale* du corselet bien distincte. . . . . ELEGANS.

AA *Yeux* subcontigus au corselet, dont ils ne sont séparés que par des tempes très courtes. *Elytres* n'offrant point leurs intervalles alternes relevés en côtes.

B *Point de fossette* médiane sur la moitié antérieure du corselet. *Massue des antennes* triarticulée.

   c. *6 séries de points* seulement sur les élytres

    d. *La 1re et la 3e* de ces séries aboutissent à la base, et parfois aussi la 2e . . . . ELONGATA.

   dd. *La 1re et la 4e séries* seulement aboutissent à la base (la 2e et la 3e se trouvant incluses et raccourcies.) ÆQUALIS.

  cc. *7 ou 8 séries de points* sur les élytres.

    e. *Subconvexe. Elytres* plus larges que le corselet, à *ponctuation* crénelant les intervalles et faisant paraître les stries comme onduleuses. *Corps* d'un roux testacé avec les élytres ordinairement d'un brun noir. . . . . RUFICOLLIS.

   ee. *Déprimé. Elytres* pas plus larges que le corselet, à *ponctuation* ne paraissant pas onduleuse. *Corps* entièrement testacé, unicolore. . . . . FILIFORMIS.

BB *Une fossette* arrondie assez large sur la moitié antérieure du disque du corselet. *Massue des antennes* bi-articulée . . . . FILUM.

Il faut placer en tête du genre l'espèce remarquable que je fais connaître pour la première fois :

Cartodere Godarti BELON.

Allongée, étroite, subdéprimée, à ponctuation rugueuse couvrant la tête, le corselet et tout le dessous du corps, d'un testacé clair, luisant. Tête 2 fois plus longue que large, en ligne droite jusqu'aux yeux, puis rétrécie en devant, et enfin dilatée de nouveau aux angles anté- rieurs, plus large (y compris les yeux) que le bord antérieur du cor-

selet. Yeux très petits, peu saillants, occupant à peine un quart de la partie latérale de la tête, séparés du corselet par des tempes plus allongées que le diamètre oculaire. Antennes avec leurs deux premiers articles très gros : le 1ᵉʳ renflé, orbiculaire ; le 2ᵉ cylindrique, allongé ; les suivants plus minces, subcylindriques, plus longs que larges ; le 4ᵉ paraît un peu plus long que chacun de ceux entre lesquels il se trouve ; massue pas très renflée, de 3 articles : les 2 premiers subégaux, cylindriques, plus longs que larges ; le dernier notablement plus allongé que le précédent, en ovale acuminé. Pronotum ovale, à peine plus long que la tête, beaucoup plus étroit que les élytres, avec les côtés très finement marginés, plus rétrécis à la base qu'au sommet, où ils sont arrondis sans former d'angles extérieurs. Elytres fortement ponctuées-striées de 8 séries, avec les intervalles très étroits ; le 3ᵉ et le 7ᵉ seuls sont relevés en côte très saillante, ainsi que la suture et la marge des élytres. Le prosternum est très étroit, presque interrompu entre les hanches, qui sont subcontiguës ; il reparaît en arrière d'elles, sous forme d'une petite carène. Le métasternum, allongé sur les côtés, est assez fortement émarginé par la saillie intercoxale du 1ᵉʳ arceau ventral ; celui-ci égale au moins les deux suivants réunis ; on n'aperçoit en dessous aucune des impressions sulciformes qui existent dans les autres espèces du genre.

Long. : 0ᵐ0016 (3/4 lign.); — larg. : 0ᵐ0004 (1/6 lig.)

Habitat. Recueilli en Algérie par M. le capitaine Godart, qui a eu la générosité de m'abandonner cet exemplaire unique dans sa collection. L'amitié, aussi bien que la reconnaissance, me fait un devoir de dédier cette espèce remarquable à ce savant entomologiste.

Obs. Très voisine de la *C. pilifera* par la structure de la page inférieure du corps, qui est pareillement couverte en entier d'une ponctuation grossière et ne présente point les impressions ordinaires sur le métasternum et les segments abdominaux ; elle s'en distingue aisément, ainsi que de toutes ses congénères, par la forme singulière de sa tête, par son prothorax ovale, et par les intervalles 3ᵉ et 7ᵉ seulement relevés en côtes saillantes assez larges.

1. **Cartodere pilifera** REITTER.

*Allongée, étroite, subdéprimée, d'un roux testacé, hérissée de poils
blanchâtres très fins. Yeux séparés du corselet par des tempes allongées. Massue des antennes de 3 articles nettement dilatés. Corselet
subcordiforme, un peu plus étroit que les élytres, à côtés à peine marginés; impression transversale au devant de la base obsolète. Elytres
allongées elliptiques, fortement ponctuées-striées en 8 séries, avec les
intervalles alternes étroits et relevés en côtes. Dessous du corps grossièrement ponctué. Métasternum sans impressions sulciformes, n'é-
galant pas la moitié du premier arceau ventral; celui-ci plus long
que les 2 suivants réunis.*

Long. : 0m0012 (1/2 lign.); — larg. : 0m0004 (1/6 lign.)

Cartodere pilifera REITTER, Stett. Ent. Zeit. 1875, pag. 334.

Corps allongé, étroit, subdéprimé, à peine luisant, d'un roux testacé,
hérissé de poils blanchâtres extrêmement fins, mais bien visibles
lorsqu'on examine l'insecte de profil.

Tête allongée, presque carrée, un peu moins large que le bord antérieur du corselet, couverte d'une grosse ponctuation rugueuse, à
peine excavée au milieu tout à fait sur le vertex, presque plane, un
peu prolongée en arrière des yeux avec les angles distincts. *Joues*
creusées d'une scrobe destinée à faciliter le jeu des premiers articles
antennaires. *Epistome* court, séparé du front par une dépression
arquée, situé sur un plan inférieur et aboutissant de chaque côté à
l'insertion des antennes. *Labre* transverse, subarrondi aux angles
antérieurs.

Antennes peu robustes, insérées en dessus à l'angle antérieur du
front, moins longues que la tête et le corselet réunis, composées de
11 articles: le 1er très gros, orbiculaire, à peine plus épais que le 2e;
celui-ci un peu plus allongé; le 3e et les suivants plus minces, subégaux (le 4e paraissant un peu plus long), à peine plus longs que
larges, subarrondis; la massue est nettement renflée à partir du 9e
article qui est obconique et transverse, ainsi que le 10e; le 11e est
subovale, plus long que le précédent.

Yeux petits, peu saillants, occupant à peine un tiers de la partie latérale de la tête, séparés du corselet par les tempes qui égalent presque le diamètre oculaire.

Pronotum subcordiforme, un peu moins long que large, un peu plus étroit que les élytres, rétréci en arrière, à peine marginé relevé latéralement presque en ligne droite, faiblement étranglé avant la base, avec une légère impression longitudinale de chaque côté, l'impression transversale obsolète ; coupé droit en devant et à la base avec les angles postérieurs droits faisant face à la 5ᵉ strie des élytres ; la surface est rugueusement et grossièrement ponctuée.

Ecusson très petit, punctiforme, peu distinct.

Elytres oblongues, elliptiques, plus larges que le corselet avec les épaules subarrondies, légèrement dilatées sur les côtés, et s'arrondissant ensemble à l'extrémité qui recouvre en entier l'abdomen ; fortement ponctuées-striées avec les intervalles étroits, crénelés par les points qui forment 8 séries ; la marge, la suture et les intervalles alternes sont finement relevés en côtes, celle du 3ᵉ interstrie se rapproche un peu de la suturale vers la voussure, mais sans s'y réunir ; elle se réunit au contraire à la côte du 5ᵉ interstrie ; le 7ᵉ intervalle est un peu plus saillant, et forme le calus huméral ; le repli épipleural est inférieur, médiocre, à peu près égal dans toute sa longueur, assez fortement creusé, sans ligne longitudinale de points, réduit à une tranche vers le 5ᵉ arceau ventral.

Prosternum très étroit, ne paraissant entre les hanches que sous la forme d'un filet très mince n'égalant pas la largeur du trochanter ; tout le propectus est grossièrement ponctué.

Mésosternum court, formant entre les hanches intermédiaires une plaque médiocre, mais distinctement plus large que celle du prosternum ; médipectus grossièrement ponctué.

Métasternum allongé sur les flancs, mais n'égalant pas dans son milieu la moitié du 1ᵉʳ arceau ventral, couvert d'une ponctuation grossière et rugueuse, sans impressions transversales ni longitudinales; arcuément émarginé entre les hanches postérieures par la saillie intercoxale du 1ᵉʳ segment abdominal.

Abdomen de 5 segments : le 1ᵉʳ très grand, plus long que les 2 suivants pris ensemble, couvert d'une ponctuation très grosse et fovéolée, pas très serrée ; les 2ᵉ à 5ᵉ arceaux sont courts, subégaux

entre eux, avec une dépression transversale à la base de chacun ;
cette dépression est formée par de gros points fovéolés.

Hanches antérieures, insérées après le milieu du prosternum, subcontiguës ; les médianes nettement séparées ; les postérieures le sont
beaucoup plus encore.

Cuisses robustes, un peu renflées au milieu. *Tibias* peu épais,
garnis sur leurs tranches internes de cils distincts seulement à un fort
grossissement ; les 4 antérieurs paraissent un peu arqués dans les ♂.
Tarses ayant leurs 2 premiers articles courts, subégaux ; le 3ᵉ égale
les 2 précédents réunis. *Ongles* simples.

HABITAT. J'ai trouvé à St-Maximin (Var) trois exemplaires de cette
jolie espèce, qui n'était encore connue que de Sicile. Ils s'étaient
développés dans un gros bolet amadouvier, où fourmillaient les *Xylo-
graphus bostrichoïdes*. M. Reitter l'indique aussi du Japon.

OBS. C'est, avec la *C. elegans*, la seule espèce de ce genre qui ait
tous les interstries alternes costiformes ; elle se distingue d'ailleurs
aisément de toutes ses congénères par la fine villosité qu'on remarque
sur son corps vu de profil, par l'absence d'impression transversale au
devant de la base prothoracique, par la ponctuation grossière de la
page inférieure, par son métasternum sans impressions sulciformes,
et par son premier arceau ventral notablement plus long.

2. **Cartodere elegans** AUBÉ.

*Allongée, étroite, subdéprimée, glabre, d'un roux testacé. Massue
des antennes nettement tri-articulée. Corselet légèrement cordiforme,
un peu plus étroit en arrière, les bords latéraux à peine arrondis ;
surface rugueuse, offrant une impression transversale au-devant de
la base, et une autre longitudinale de chaque côté le long du bord
latéral. Elytres très allongées, elliptiques, plus larges que le corselet,
et près de 4 fois aussi longues que lui, subdéprimées et marquées de
stries fortement ponctuées, dont les intervalles alternes sont tous relevés en carènes assez saillantes.*

Long. 0ᵐ0013 [3/5 lign.]

Lathridius *elegans* AUBÉ, Ann. Soc. Ent. Fr. 1850, pag. 234.
Cartodere *elegans* REITTER, Stett. Ent. Zeit. 1875, pag. 335.

Permidius inflaticeps Motschulsky, Bull. Mosc. 1866, III, pag. 255; pl. VI,
fig. 5.

Habitat. Le Dr Aubé avait capturé cet insecte dans l'intérieur de son
appartement ; il doit être cependant asséz rare en France, puisque je
ne l'ai vu dans aucune des collections qui m'ont été communiquées.
— L'*inflaticeps* a été trouvé par Motschulsky en Crimée.

Obs. Ne connaissant point en nature la *C. elegans*, j'ai été obligé de
rédiger le signalement ci-dessus d'après la description de l'auteur ;
celle-ci s'accorde bien avec la diagnose du *Permidius inflaticeps*, et
je n'hésite pas à les réunir.

Il n'est pas impossible que l'espèce précédente lui soit également
identique. A en juger d'après les descriptions, elles se distingueraient
par deux caractères : 1° l'une est glabre, et l'autre poilue ; 2° l'impression transversale du corselet est marquée chez l'espèce glabre, obsolète
chez l'espèce poilue. Je ne crois pas qu'il faille attacher une grande
importance à ce dernier caractère ; l'autre a au contraire une valeur
réelle, mais la pilosité extrêmement fine n'aurait-elle pas échappé à
l'observation de l'auteur ? L'inspection des types d'Aubé fournirait la
meilleure réponse à cette question. En attendant, il vaut mieux maintenir la distinction spécifique.

3. **Cartodere elongata** Curtis.

Allongée, étroite, subdéprimée, glabre, d'un roux testacé. Massue
des antennes nettement tri-articulée. Corselet légèrement cordiforme,
un peu plus étroit en arrière, les bords latéraux à peine arrondis ;
surface rugueuse offrant une impression transversale au devant de
la base, et une autre longitudinale de chaque côté le long du bord
latéral. Elytres elliptiques, très fortement ponctuées-striées de 6 séries
dont la 1re et la 3e (parfois aussi la 2e) arrivent jusqu'à la base, avec
les intervalles étroits, le 5e relevé presque entièrement costiforme, et le
4e seulement dans la première moitié. Dessous du corps imponctué.
Métasternum marqué en arrière des hanches médianes et au devant
des postérieures de fossettes reliées par des sillons transversaux.

Var. A. *Subconvexe ; couleurs du C. ruficollis.*

Long. : 0"0013 à 0"0018 (1/2 lig. à 4/5) ; — larg. : 0"00035 à 0"00045
(1/6 à 1/5 lign.)

Lathridius elongatus Curtis, Brit. Ent. VII, pl. 311, n⁰ 7. — Mannerheim, in
Germ Zeitschr. V, pag. 83, n. 19.

Cartodere elongata Thomson, Skandin. Col. X, pag. 55, n⁰ 3. — Reitter,
Stett. Ent. Zeit. 1875, pag. 335.

Lathridius angustatus Stephens, Catal. pag. 94, n⁰ 1005. — Shuckard, Elem.
Brit. Entom., pag. 184, n° 11.

Lathridius clathratus Mannerheim, in Germ. Zeitschr. V, pag. 84, n. 20.

Corps très allongé, étroit, assez déprimé en dessus (parfois subconvexe), glabre, d'un roux testacé (parfois avec les élytres d'un brun
noir), plus ou moins luisant.

Tête de forme carrée, plus longue que large, égalant (y compris les
yeux) la largeur du corselet antérieurement, à ponctuation rugueuse,
un peu excavée tout à fait en arrière du vertex, presque plane, obliquement et courtement rétrécie après les yeux, sans angles postérieurs
distincts. *Joues* creusées d'une large scrobe, destinée sans doute à
faciliter le jeu des antennes, marginée en dessus et en dessous. *Epistome* court, séparé du front par une strie arquée qui aboutit de chaque
côté à l'insertion antennaire, peu déprimé et à peine sur un plan
inférieur. *Labre* transverse, subarrondi aux angles antérieurs.

Antennes peu robustes, insérées en dessus à l'angle antérieur du
front, moins longues que la tête et le corselet réunis, composées de
11 articles : le 1ᵉʳ très renflé, orbiculaire et le plus gros de tous, plus
long que le 2ᵉ qui est un peu moins épais, bien qu'il le soit notablement
plus que les suivants ; articles du funicule 3ᵉ à 8ᵉ aussi longs que
larges, obconiques, subégaux (le 4ᵉ paraissant un peu plus grand que
les autres) ; la massue bien tranchée est formée par les articles 9ᵉ à
11ᵉ, qui sont à peu près de même épaisseur ; le 9ᵉ est obconique, distinctement plus long que le précédent ; le 10ᵉ est presque carré,
transverse, et le dernier est un peu plus long que large, tronqué à
l'extrémité.

Yeux petits, assez saillants, occupant à peine un tiers de la partie
latérale de la tête, très peu éloignés du corselet.

Pronotum plus long que large, coupé droit en devant et à la base,
à peine plus large antérieurement, à côtés faiblement arrondis, relevés
en marge distincte, plus ou moins étranglés avant la base, avec les
angles postérieurs subarrondis, faisant face à la 4ᵉ strie des élytres ;

la surface est rugueusement ponctuée, sans côtes discales, avec une impression transversale plus ou moins marquée vis-à-vis de l'étranglement.

Ecusson très petit, punctiforme, peu distinct.

Elytres allongées, elliptiques, plus larges que le corselet, avec les épaules arrondies, ordinairement déprimées sur le disque à partir du 5° interstrie de chaque côté; très fortement ponctuées-striées, avec les intervalles étroits, imponctués; le 5° est relevé en carène dans son entier, c'est-à-dire jusqu'à la voussure des élytres; le 4° est plus ou moins costiforme à la base; il y a seulement 6 séries de points, aboutissant au rebord basal (excepté d'ordinaire la 2° à partir de la suture); les élytres s'arrondissent ensemble à l'extrémité, en recouvrant l'abdomen; la voussure est assez brusque, et la suture est presque relevée en carène; le repli épipleural est inférieur, de largeur médiocre, à peine excavé longitudinalement, se rétrécissant insensiblement avec la courbure des étuis, réduit à une tranche vers le 5° arceau ventral.

Prosternum très étroit, ne formant entre les hanches antérieures qu'un filet assez mince, n'égalant pas la largeur du trochanter.

Mésosternum assez court, formant entre les hanches médianes une plaque 2 fois plus large que la prosternale.

Métasternum allongé, imponctué, égalant environ le 1ᵉʳ arceau ventral, marqué en arrière des hanches médianes de 2 fossettes plus ou moins profondes, reliées entre elles par un sillon transversal; il en est de même au devant des hanches postérieures.

Abdomen de 5 segments, imponctué : le 1ᵉʳ est plus long que le suivant; les 2°, 3° et 4° sont plus courts, subégaux; le 5° est plus long que le précédent; tous sont marqués à la base d'une impression sulciforme transversale plus ou moins profonde.

Hanches antérieures, insérées à peu près au milieu du prosternum, subcontiguës; les médianes sont nettement distantes; les postérieures le sont encore davantage.

Cuisses robustes, un peu renflées au milieu. *Tibias* peu épais, garnis sur leur tranche interne de cils distincts à un fort grossissement; les 4 antérieurs paraissent plus arqués chez le ♂. *Tarses* ayant leurs 2 premiers articles courts, subégaux; le 3° égale les 2 précédents réunis. *Ongles* simples.

Habitat. C'est une espèce très répandue en Europe ; on la trouve dans toutes nos provinces de France, et en Corse ; j'en ai vu des exemplaires d'Angleterre, de diverses contrées de l'Allemagne, d'Italie, et aussi d'Algérie.

Obs. Comme je l'ai dit plus haut (pag. 140), elle porte dans beau-coup de collections le nom usurpé de *Lathridius constrictus* Gyll.

La variété que je signale ci-dessus, à la suite de la diagnose spéci-fique, m'avait paru d'abord mériter d'être séparée de l'*elongata* ; en effet, les individus extrêmes que j'avais examinés présentaient des caractères assez remarquables : reproduisant la coloration normale de la *Cartodere ruficollis*, ils ne pouvaient néanmoins s'y rapporter à cause de leur forme générale notablement plus allongée, et surtout parce que leurs étuis avaient une ponctuation composée de six séries seulement qui, quoique grossière, se montrait sous l'aspect de lignes plus régulières ; ils se rapprochaient par là évidemment de l'*elongata*, à laquelle ils ressemblaient du reste en beaucoup de points, mais on pouvait les en distinguer par leur système de couleurs, par quelques différences dans la structure du prothorax, par la dépression un peu moindre du disque des élytres, par la disposition des séries ponctuées, dont la 2e partait immédiatement de la base aussi bien que la 1re et la 3e, par le 4e interstrie à peine distinctement convexe. L'examen d'un certain nombre d'exemplaires, recueillis par MM. Revelière et Damry à Omessa et à Portovecchio (Corse), en me permettant de constater qu'il existe des passages, m'a donné la conviction que ces caractères n'avaient pas une valeur suffisante, et qu'il fallait se borner à les con-sidérer comme ceux d'une variété locale intéressante.

La *C. elongata* forme, avec la *C. æqualis* du Caucase, un petit groupe bien distinct de toutes les autres espèces par les élytres n'offrant que six séries de points sur chaque étui. Le 5e interstrie est relevé en côte à peu près dans toute sa longueur, et le 4e seulement dans sa première moitié ; ce dernier caractère (la côte du 4e interstrie) n'existe pas chez la *C. æqualis*, dont je crois utile de donner ici un court signalement.

Cartodere æqualis Reitter.

Allongée, étroite, subdéprimée, glabre, d'un roux testacé. Yeux peu distants du corselet. Massue des antennes de 3 articles nettement dilatés. Corselet allongé, à peine cordiforme, un peu resserré avant la base, avec une légère impression transversale; les angles postérieurs indistincts, obtus. Élytres très allongées, elliptiques, très fortement ponctuées striées de 6 séries, dont la 1ʳᵉ et la 4ᵉ seules aboutissent à la base, avec les intervalles étroits, le 4ᵉ non relevé en carène, et le 5ᵉ à peine plus convexe.

Long : 0ᵐ0014 (3/5 lign.) ; — larg. : 0ᵐ00035 (1/6 lign.)

Cartodere æqualis Reitter, Deutsche Entom. Zeitschr. 1877, p. 295, n. 11.

Habitat. Caucase, mont Suram (Leder) ; en tamisant.

Obs. Très voisine de *C. elongata*, mais la ponctuation des élytres est encore plus forte, les intervalles 4ᵉ et 5ᵉ ne sont point relevés en carène, et les stries 2ᵉ et 3ᵉ sont encloses à la base entre les 1ʳᵉ et 4ᵉ qui prennent naissance à la marge antérieure des étuis.

4. **Cartodere ruficollis** Marsham.

Allongée, étroite, subconvexe, glabre, d'un roux ferrugineux avec les élytres le plus souvent d'un brun noir (parfois cependant concolores, ou bordées seulement de brun noir). Massue des antennes de 3 articles nettement dilatés. Yeux peu éloignés du corselet. Celui-ci plus ou moins cordiforme, plus étroit (sans la membrane) que les élytres, avec une impression transversale au-devant de la base. Élytres allongées, subovales, fortement ponctuées-striées de 7 à 8 séries, avec les interstries étroits, crénelés par la ponctuation, également convexes. Dessous du corps imponctué. Métasternum marqué en arrière des hanches médianes et au-devant des postérieures de fossettes reliées par un sillon transversal.

Long. : 0ᵐ0012 (1/2 lign.) ; — larg. : 0ᵐ0004 (1/6 lign.)

Lathridius ruficollis Marsham, Ent. Brit I, pag. 111. — Stephens, Ill. Brit. III, pag. 114. — Waterhouse, Trans. Ent. Soc. London. V, pag, 175.

Cartodere ruficollis Reitter, Stett. Ent, Zeit. 1875, pag. 336.

Lathridius liliputanus Villa, Catal. Col. Eur. dupl. 1833, pag. 36. — Mannerheim, in Germ. Zeitschr. V, pag. 85, n. 21.

Lathridius exilis Mannerheim, in Germ. Zeitschr. V, pag. 86, n. 22.

Lathridius collaris Mannerheim in Germ. Zeitsch. V, pag. 86, n. 23.

Cartodere collaris Thomson, Skandinav. Coleopt. V, pag. 220, n. 2.

Lathridius nanulus Mannerheim, in Germ. Zeitschr. V, pag. 87, n. 24.

Lathridius concinnus Mannerheim, loc. cit. pag. 88, n. 25.

Corps allongé, étroit, faiblement convexe en dessus, glabre, mat sur la tête et le corselet, luisant sur les élytres, d'un roux ferrugineux avec les élytres tantôt d'un brun noir, tantôt de la couleur du reste du corps ou bordées de brun noir.

Tête subtrapézoïdale, un peu plus longue que large, n'égalant pas (y compris les yeux) la largeur du corselet en devant, à ponctuation rugueuse peu marquée, à peine creusée d'une impression tout-à-fait en arrière du vertex, presque plane, courtement rétrécie après les yeux sans former d'angles distincts. *Joues* excavées d'une assez forte scrobe destinée à loger les deux premiers articles des antennes. *Epistome* court, séparé du front par une strie arquée, qui aboutit de chaque côté à l'insertion antennaire, un peu déprimé et sur un plan inférieur. *Labre* transverse, subarrondi aux angles antérieurs.

Antennes peu robustes, insérées en dessus à l'angle antérieur du front, moins longues que la tête et le corselet réunis, composées de 11 articles : le 1er très renflé, orbiculaire, un peu plus long et plus épais que le 2e, qui est encore notablement plus dilaté que les suivants ; le 3e subtransverse et presque globuleux ; le 4e, le plus long de tous ceux du funicule ; les 5e à 8e plus longs que larges, obconiques, décroissant peu à peu de longueur ; le 9e commence la massue qui est nettement tranchée, il est un peu obconique, plus long que le précédent ; le 10e est moins long, mais aussi épais ; le 11e est aussi long que le 9e, un peu plus long que large, légèrement tronqué au bout.

Yeux petits, saillants, occupant à peine un tiers de la partie latérale de la tête, très peu éloignés du corselet.

Pronotum plus ou moins cordiforme, coupé droit en devant et à la base, plus large antérieurement, à côtés arrondis dans sa première moitié avec la marge obsolète, souvent accompagnée d'une membrane qui fait varier le faciès, plus ou moins étranglé avant la base avec une impression transverse aboutissant de chaque côté à cet étranglement ; les angles postérieurs sont presque droits et font face à la 5e strie des étuis ; la surface est couverte d'une ponctuation rugueuse peu enfoncée, qui la fait paraître mate ; elle n'offre aucun vestige de côtes discales.

Ecusson très petit, peu distinct, punctiforme.

Elytres subovales-allongées, plus larges à la base que le corselet dans sa plus grande largeur, avec les épaules arrondies, et le disque à peine déprimé ; la ponctuation sériale est très forte, irrégulière et comme onduleuse, crénelant les interstries qui sont très étroits ; elle se compose de 7 séries, dont 5 discales et 2 latérales ; quelques individus offrent des traces d'une 8ᵉ strie, qui tend à se former sur une partie du disque ; ces stries s'arrondissent avec la courbure de l'élytre et viennent aboutir à la suture ; les intervalles 5ᵉ et 6ᵉ (surtout ce dernier) paraissent former une côte assez distincte ; les autres sont simplement un peu convexes ; la marge est relevée-crénelée, à peine dilatée à l'épaule, presque droite jusqu'à la hauteur de la voussure où les élytres s'arrondissent ensemble, en recouvrant tout l'abdomen ; le repli épipleural est inférieur, médiocre, à peu près égal dans la plus grande partie de sa longueur, réduit à une tranche vers le 5ᵉ arceau ventral et marqué d'une série longitudinale de gros points.

Prosternum en lame médiocre, égale environ au trochanter, séparant les hanches antérieures.

Mésosternum court, formant entre les hanches intermédiaires une plaque légèrement plus large que la prosternale.

Métasternum allongé, imponctué, égalant environ le 1ᵉʳ arceau ventral, marqué en arrière des hanches médianes de 2 fossettes plus ou moins profondes reliées entre elles par un sillon transversal ; il en est de même au devant des hanches postérieures.

Abdomen de 5 segments, imponctué : le 1ᵉʳ est très distinctement plus long que le suivant ; les 2ᵉ, 3ᵉ et 4ᵉ sont plus courts, subégaux ; le 5ᵉ est un peu plus long que le précédent ; tous sont marqués à la base d'une impression sulciforme transversale plus ou moins profonde.

Hanches antérieures insérées à peu près au milieu du prosternum, à peine moins distantes que les médianes ; les postérieures sont beaucoup plus écartées.

Cuisses robustes, un peu renflées au milieu. *Tibias* peu épais, garnis sur leur tranche interne de cils distincts à un fort grossissement ; les 4 antérieurs paraissent assez arqués chez les ♂. *Tarses* ayant leurs 2 premiers articles courts, subégaux ; la 3ᵉ égale les 2 précédents réunis. *Ongles* simples.

Habitat. Toute l'Europe ; en France et en Corse elle parait très commune. On la rencontre aussi dans l'Amérique du Sud.

Obs. C'est peut-être l'espèce la plus variable de la branche actuelle, il est rare d'en trouver deux individus complètement semblables ; aussi la liste synonymique est-elle fort longue. L'examen de nombreuses séries d'exemplaires ne saurait laisser le moindre doute sur la nécessité des réunions signalées plus haut.

Lorsqu'elle possède sa coloration normale, la *C. ruficollis* est très reconnaissable à première vue ; on ne pourrait alors la confondre qu'avec la variété similaire de l'*elongata*, mais celle-ci ne présente que six séries ponctuées sur les élytres, tandis que la *ruficollis* en a 7 ou 8. Dans les cas très fréquents où elle est unicolore ou à peu près, son faciès subconvexe et la ponctuation onduleuse et crénelée de ses élytres la distinguent de ses congénères qui ont, comme elle, les yeux peu distants du corselet, celui-ci sans fossette discale et les intervalles alternes des étuis non costiformes ; elle diffère en outre de la *filiformis* par son corselet qui est plus étroit antérieurement que les élytres, etc.

5. **Cartodere filiformis** Gyllenhal.

Allongée, étroite, subdéprimée, glabre, entièrement testacée. Yeux peu distants du corselet. Massue antennaire nettement formée de 3 articles. Corselet subcordiforme, transverse, aussi large au sommet que les élytres, à marge latérale largement explanée ; au-devant de la base une impression transversale ; point de fossette sur la moitié antérieure du disque. Elytres linéaires avec les épaules subangulées, assez fortement ponctuées-striées de 8 séries à la base, de 7 seulement à l'extrémité, avec les intervalles étroits, non costiformes. Dessous du corps imponctué. Métasternum marqué en arrière des hanches médianes et au-devant des postérieures de fossettes reliées par des sillons transversaux.

Long. : 0ᵐ0013 (3/5 lign.) ; — larg. : 0ᵐ00035 (1/6 lign.)

Lathridius filiformis Gyllenhal, Ins. Suec. IV, pag. 143, n. 23. — Mannerheim, in Germ. Zeitschr. V, p. 104, n. 43.

Cartodere filiformis Thomson, Skandin. Coleopt. V, pag. 219, n. 1. — Reitter, Stett. Ent. Zeit. 1875, pag. 337.

Lathridius parallelus Mannerheim, in Germ. Zeitschr. pag, 106, n. 45.

Lathridius tantillus Mannerheim, loc. cit. pag. 106, n. 46.

Corps très allongé, étroit, subdéprimé en dessus, glabre, entièrement d'un testacé plus ou moins clair.

Tête allongée, de forme trapézoïdale, moins large (y compris les yeux) que le bord antérieur du corselet, couverte d'une grosse ponctuation, à peine excavée tout-à-fait en arrière sur le vertex, presque plane, rétrécie très brièvement après les yeux. *Joues* faiblement creusées d'une scrobe destinée à loger les 2 premiers articles antennaires. *Epistome* court, séparé du front par une strie arquée qui aboutit de chaque côté à l'insertion des antennes, légèrement déprimé et situé sur un plan un peu inférieur. *Labre* transverse, subarrondi aux angles antérieurs.

Antennes peu robustes, insérées en dessus à l'angle antérieur du front, moins longues que la tête et le corselet réunis, composées de 11 articles : le 1er très renflé, orbiculaire, un peu plus épais et plus long que le 2e, qui est notablement plus large que les suivants ; articles du funicule 3e à 8e à peine aussi longs que larges, subglobuleux et presque égaux (le 4e cependant paraît légèrement plus long). la massue bien tranchée est formée par les articles 9e à 11e qui sont à peu près de même épaisseur ; le 9e et le 10e sont subégaux, chacun d'eux nettement plus long que le 8e ; le 11e est sensiblement plus long que large, égalant environ les 2 précédents pris ensemble, à peine tronqué au bout.

Yeux petits, peu saillants, occupant à peine un tiers de la partie latérale de la tête, très peu distants du corselet.

Pronotum court, transverse, subcordiforme, coupé droit en devant et à la base, égalant antérieurement la largeur des élytres, à côtés arrondis jusqu'après le milieu où ils sont resserrés, puis un peu dilatés pour tomber sur la base à angle droit vis-à-vis de la 6e strie des élytres ; la marge latérale est assez largement explanée, le disque est subconvexe, plus ou moins rugueusement ponctué et sans côtes ; une impression transversale au devant de la base, en face de l'étranglement latéral.

Ecusson très petit, punctiforme, peu distinct.

Elytres linéaires, aussi larges que la partie antérieure du corselet, avec les épaules anguleuses (l'angle parfois émoussé), subdéprimées sur le disque ; assez fortement ponctuées-striées, avec les intervalles étroits, subégaux, imponctués, non costiformes ; il y a 8 séries de points à la base, mais 7 seulement à l'extrémité, parce que la 5ᵉ et la 6ᵉ se confondent un peu avant le milieu de la longueur, c'est-à-dire à peu près à la hauteur des hanches postérieures ; la marge est relevée, un peu dilatée après l'épaule, puis en ligne presque droite jusque vis-à-vis de la voussure, où elles s'arrondissent ensemble en recouvrant l'abdomen ; le repli épipleural est inférieur, de largeur médiocre, assez fortement excavé et ponctué longitudinalement, se rétrécissant assez rapidement vers l'extrémité, et réduit à une simple tranche au bout du 4ᵉ arceau ventral.

Prosternum très étroit, ne formant entre les hanches antérieures qu'un mince filet, même presque interrompu, n'égalant pas la largeur du trochanter.

Mésosternum court, formant entre les hanches médianes une plaque 2 fois plus large que la prosternale.

Métasternum allongé, imponctué, égalant environ le 1ᵉʳ arceau ventral, avec une ligne de points sur ses épipleures, marqué en arrière des hanches médianes de 2 fossettes plus ou moins profondes reliées entre elles par un sillon transversal ; il en est de même au devant des hanches postérieures.

Abdomen de 5 segments, imponctué : le 1ᵉʳ plus long que le suivant ; les 2ᵉ, 3ᵉ et 4ᵉ sont un peu plus courts et presque égaux entre eux ; le 5ᵉ est plus long que le précédent ; tous sont marqués à la base d'une impression sulciforme transversale, plus ou moins nette.

Hanches antérieures insérées un peu après le milieu du prosternum, subcontiguës ; les médianes sont sensiblement distantes ; les postérieures s'écartent encore davantage.

Cuisses robustes, un peu renflées au milieu. *Tibias* peu épais, garnis sur leur tranche interne de cils distincts à un fort grossissement ; les 4 antérieurs paraissent plus arqués chez les ♂. *Tarses* ayant leurs 2 premiers articles petits, subégaux ; le 3ᵉ égale les 2 précédents réunis. *Ongles* simples

Habitat. Toute l'Europe : commune en France et en Corse.

Obs. Son corselet cordiforme, aussi large antérieurement que les élytres, distingue au premier coup d'œil cette espèce de toutes les précédentes ; ce caractère lui est commun avec la *C. filum*, mais elle n'a point, comme cette dernière, la moitié antérieure du disque prothoracique ornée d'une large fossette arrondie.

Plusieurs séparations ont été établies sur des exemplaires, chez lesquels les épaules des élytres présentaient un aspect un peu différent par suite de leur angulation nette ou émoussée : ce caractère n'a certainement aucune valeur, puisqu'on rencontre des individus, dont l'une des épaules est anguleuse et l'autre arrondie.

M. Rizaucourt m'a communiqué un petit insecte qu'il a trouvé dans sa cave à Marseille, en compagnie de *Mycetaea hirta* et d'autres coléoptères mycétophiles. Je le rapporte à l'espèce actuelle, bien que sa taille n'atteigne pas 0ᵐ001 (1/2 lign.), que ses élytres paraissent avoir 7 stries seulement à la base, et qu'on distingue un vestige de fovéole arrondie au milieu de la partie antérieure du corselet. Ces différences sont, à mon avis, trop peu importantes pour légitimer une séparation spécifique.

6. **Cartodere filum** Aubé.

Allongée, étroite, subdéprimée, d'un roux testacé, glabre. Yeux peu éloignés du corselet. Massue des antennes bi–articulée. Corselet cordiforme, subtransverse, aussi large au sommet que les élytres, largement explané sur les côtés, transversalement impressionné au devant de la base; une large fossette médiane arrondie sur le disque. Elytres linéaires, fortement ponctuées-striées de 7 séries, avec les intervalles étroits, également subconvexes. Dessous du corps imponctué. Métasternum marqué en arrière des hanches médianes et au devant des hanches postérieures de fossettes reliées entre elles par des sillons longitudinaux et transversaux.

Long. 0ᵐ0014 (2/3 lign.) ; — larg. 0ᵐ00035 (1/6 lign.)

Lathridius filum Aubé, Ann. Soc. Ent. Fr. 1850, pag. 334, n. 44.
Cartodere filum Reitter, Stett. Ent. Zeit. 1875, pag. 338.

Corps très allongé, étroit, subdéprimé, entièrement d'un testacé plus ou moins roux.

Tête allongée, de forme trapézoïdale, moins large (y compris les yeux) que le bord antérieur du corselet, couverte d'une ponctuation rugueuse assez forte, plus ou moins nettement sillonnée longitudinalement au milieu avec le vertex triangulairement excavé. *Joues* fortement creusées d'une sorte de scrobe destinée à loger les 1ᵉʳˢ ar-*s* ticles antennaires. *Epistome* court, séparé du front par une dépression arquée assez nette, et situé sur un plan inférieur. *Labre* transverse, subarrondi aux angles antérieurs.

Antennes peu robustes, insérées en dessus à l'angle antérieur du front, moins longues que la tête et le corselet réunis, composées de 11 articles : le 1ᵉʳ très renflé, orbiculaire, un peu plus épais que le 2ᵈ; celui-ci au moins aussi long, subcylindrique, plus épais que les suivants; 3ᵉ à 9ᵉ subcylindriques, légèrement arrondis à la base et au sommet, aussi longs que larges, subégaux, (le 4ᵉ paraît un peu plus long); le 9ᵉ est à peine sensiblement plus épais que les précédents ; et par suite la massue est formée seulement des deux articles 10ᵉ et 11ᵉ qui sont nettement dilatés, le pénultième est environ moitié plus court que le dernier, qui est plus long que large et subarrondi au bout.

Yeux médiocres, très saillants, occupant un peu plus du tiers latéral de la tête, subcontigus au corselet.

Pronotum cordiforme, plus court que large, assez fortement rétréci en arrière, coupé à peu près droit en devant et à la base, égalant presque antérieurement la plus grande largeur des élytres, à côtés arrondis sur leur moitié antérieure, largement explanés et faiblement crénelés dans toute leur longueur, tombant à angle droit sur la base, vis-à-vis de la 5ᵉ strie des élytres; le disque est plus ou moins rugueusement ponctué et sans côtes, avec une impression transversale un peu au devant de la base, et une fossette arrondie assez large et profonde, située au milieu de la partie antérieure.

Ecusson très petit, transverse, peu distinct.

Elytres linéaires, aussi larges que la partie antérieure du corselet, avec les épaules à peine saillantes, subarrondies, finement marginées, s'arrondissant ensemble à l'extrémité qui recouvre entièrement l'abdomen; subdéprimées sur le disque, fortement ponctuées-striées, avec les intervalles très étroits, imponctués, également subconvexes ; il y a 7 séries de points; le repli épipleural est inférieur, de largeur

médiocre et à peu près égale dans toute sa longueur, excavé et fortement ponctué longitudinlaement, réduit à une simple tranche vers le
5ᵉ arceau ventral.

Prosternum peu distinct entre les hanches antérieures, après lesquelles il forme une petite saillie tuberculeuse.

Mésosternum court, mais assez large entre les hanches médianes.

Métasternum allongé, imponctué, égalant environ le 1ᵉʳ arceau
ventral, avec une ligne longitudinale de points obsolètes sur ses épipleures ; marqué en arrière des hanches médianes et au devant des
hanches postérieures de fossettes reliées entre elles par des sillons
longitudinaux et transversaux qui font bomber la partie médiane.

Abdomen de 5 segments, imponctué : le 1ᵉʳ distinctement plus long
que le suivant ; les 2ᵉ, 3ᵉ et 4ᵉ sont un peu plus courts et presque
égaux entre eux ; le 5ᵉ est un peu plus long que le précédent ; tous
sont marqués à la base d'une impression sulciforme transversale plus
ou moins nette ; le 1ᵉʳ arceau offre aussi une impression longitudinale
partant des hanches postérieures ; mais n'atteignant pas tout-à-fait
l'extrémité du segment.

Hanches antérieures subcontiguës, insérées après le milieu du
prosternum ; les médianes sont très nettement distantes, et les postérieures le sont encore davantage.

Cuisses pas très robustes, mais un peu renflées au milieu. *Tibias*
peu épais, garnis sur leur tranche interne de cils distincts à un fort
grossissement ; les 4 antérieurs paraissent légèrement arqués chez le ♂.
Tarses ayant leurs 2 premiers articles petits, subégaux ; le 3ᵉ égale
les précédents réunis. *Ongles* simples.

Habitat. Trouvée dans un champignon provenant d'Algérie, cette
espéce ne vit pas seulement dans le nord de l'Afrique. M. Reitter en
possède des échantillons recueillis en Hongrie, et il dit (Deutsche Ent.
Zeitschr. 1878, pag. 96) qu'elle est très commune au Mexique. C'est
seulement sur l'autorité de ce savant entomologiste que je la considère
comme appartenant aussi à notre faune, car je n'en ai vu aucun exemplaire capturé dans notre pays ; ceux d'après lesquels j'ai rédigé ma
description, avaient été envoyés de Volhynie par Besser, et faisaient
partie de l'ancienne collection du comte Dejean, qui les avait séparés
sous le nom demeuré inédit de *Lathridius angustatus* Dej.

Obs. Quoique voisine de la *C. filiformis* par son corselet cordiforme égalant dans sa partie antérieure la largeur des élytres, l'espèce actuelle, outre sa taille un peu plus grande et plusieurs autres particularités d'importance secondaire, en est très distincte, comme de toutes ses congénères, par la fossette arrondie, assez large et profonde qui orne la moitié antérieure du disque prothoracique ; c'est aussi la seule du genre, à ma connaissance du moins, qui offre la massue antennaire bi-articulée. Ni le Dr Aubé, ni M. Reitter n'ont fait mention de ce dernier caractère : est-ce seulement un oubli, ou bien s'agit-il ici de deux espèces qui seraient ainsi différenciées? Je ne suis pas en mesure de répondre à cette question.

Un caractère très remarquable encore, s'il est constant, c'est la présence de sillons longitudinaux sur le 1er arceau ventral et sur le métasternum. J'ai vu trop peu d'échantillons pour pouvoir constater si cette marque se retrouve dans les 2 sexes, ou bien si elle est l'apanage d'un seul ; j'incline cependant à admettre la première supposition.

Genre *Enicmus* Thomson.

Thomson, Skandin. Coléopt. V, page 233.

Etymologie : εν, dans; ιχμασ, humidité (1).

Caractères. *Corps* plus ou moins ovale, assez convexe. *Tête* environ aussi large que longue, plus ou moins fortement canaliculée au milieu. *Epistome* déprimé en arc et situé sur un plan un peu inférieur au front. *Antennes* de 11 articles, insérées en dessus aux angles antérieurs du front, ordinairement à peu de distance des yeux, et terminées par une massue triarticulée, souvent peu tranchée à la base. *Yeux* latéraux, assez gros et saillants, occupant plus de la moitié latérale de la tête à partir de l'insertion antennaire. *Pronotum* sans côtes longitudinales sur le disque, mais canaliculé ou fovéolé dans son milieu, et transver-

---

(1) L'auteur n'a point indiqué le sens étymologique du mot, mais je suppose qu'il a voulu faire allusion à l'habitat de la plupart des espèces, qui se rencontrent dans la moisissure.

salement impressionné au devant de la base. *Ecusson* très distinct, transverse. *Elytres* non soudées, ovales, offrant chacune 8 séries ponctuées; le 7ᵉ interstrie tantôt subconvexe et plus ou moins saillant, tantôt caréniforme. *Prosternum* très distinct entre les hanches antérieures, où il se montre tantôt sous la forme d'une lame abaissée (s-g. *Conithassa* Thomson), tantôt sous la forme d'une carène nettement relevée (s-g. *Enicmus*). *Propleures* sans fossettes pour loger la massue des antennes au repos, mais ordinairement marquées de dépressions transversales avant et après les hanches. *Mésopleures* plus courtes que les métapleures. *Hanches* antérieures nettement distantes; les médianes le sont plus encore; les postérieures s'écartent notablement davantage. *Abdomen* de 5 segments : le 1ᵉʳ égalant environ les 2 suivants réunis ; les 2ᵉ à 5ᵉ courts, subégaux; parfois le dernier plus allongé que le précédent. *Pattes* ordinaires.

Obs. Comme on le voit à la lecture de la formule qui précède, je réunis en un seul genre les 2 coupes adoptées par M. Thomson sous les noms de *Conithassa* et d'*Enicmus*. Autant que j'ai pu m'en assurer par l'étude des espèces appartenant à la faune française et de plusieurs autres, un seul caractère constant et bien tranché, la forme du prosternum, fournit une ligne de démarcation exacte à ces deux groupes ; c'est assez sans doute pour établir un sous-genre, cela me paraît insuffisant pour une division de rang supérieur. Il est vrai que l'auteur des *Skandinaviens Coleoptera* a corroboré sa diagnose par l'addition d'un certain nombre de détails qui conviennent à l'une des sections plutôt qu'à l'autre, mais l'ensemble perd beaucoup de son uniformité, à mesure qu'on cherche à en faire l'application à une faune plus étendue.

Tels qu'ils sont constitués ici, les *Enicmus* sont voisins des genres *Cartodere* et *Revelieria;* ils n'ont point, comme ce dernier, les élytres soudées et gibbeuses, offrant chacune une douzaine de séries ponctuées irrégulières; ils se rapprochent davantage du premier par leurs étuis libres, ovales et ornés de 8 stries ponctuées. Leur faciès toutefois est assez différent pour qu'un naturaliste tant soit peu exercé les reconnaisse au premier coup d'œil. Leur corselet, orné d'une ou plusieurs fossettes longitudinales sur sa partie médiane, est un caractère distinctif très sûr, car la seule espèce de *Cartodere* qui présente une sculpture analogue, la *C. filum,* est trop remarquable par les détails particuliers de son organisation pour qu'on soit tenté de la ranger parmi les *Enicmus.*

A l'aide du tableau suivant, on pourra, je l'espère, déterminer sans trop de difficultés non seulement les espèces qu'on rencontre communément dans notre région faunique, mais aussi plusieurs autres qui ont avec elles certaines affinités :

A   *Prosternum* caréniforme entre les hanches antérieures (1).
(s-g. *Enicmus* Thomson).

   a.   *Antennes* atteignant à peine le milieu du corselet; le 1er article de la massue plus épais dès la base que les précédents. *Pas de ligne* longitudinale imprimée sur le 1er arceau ventral. *Forme* allongée, subdéprimée.

     b.   *Métasternum* et *1er segment abdominal* ponctués. *Corselet* subcordiforme. *Elytres* déprimées transversalement après la base. . . . . BREVICORNIS.

     bb.   *Métasternum* et *1er segment abdominal* imponctués. *Corselet* presque carré. *Elytres* sans impression transversale après la base. . . . . DUBIUS.

  aa   *Antennes* dépassant le milieu du corselet; le 1er article de la massue allongé, obconique, pas plus épais à la base que les précédents.

     c.   *Métasternum* et 1er *segment abdominal* ponctués plus fortement sur les côtés. *Yeux* subcontigus au corselet.

       d.   *Corps et élytres* noirs (2). *Une ligne* longitudinale imprimée sur le 1er arceau ventral. *Taille* généralement un peu plus petite. . . . . RUGOSUS.

       dd.   *Elytres* roux testacé, avec le corps noir (2). *Pas de ligne* longitudinale imprimée sur le 1er arceau ventral. *Taille* généralement un peu plus grande . . . . FUNGICOLA.

     cc.   *Métasternum* et 1er *segment abdominal* imponctués, mais offrant parfois des rides longitudinales très fines.

(1) Les espèces de ce groupe ont en général une sculpture plus fine; leurs élytres, souvent marquées d'une impression transversale très sensible après la base, présentent des stries ponctuées presque toujours moins accentuées, et des intervalles plus ou moins larges qui ne sont point costiformes.

(2) Les antennes et les pattes sont toujours plus ou moins ferrugineuses.

e. *Corselet* carré. *Elytres* oblongues-ovales, sans impression transversale après la base. *Yeux* éloignés
du corselet. . . . .   TRANSVERSUS.

ee. *Corselet* cordiforme. *Yeux* peu éloignés du corselet.

f. *Elytres* ovales, offrant une impression transversale après la base. *Une ligne* longitudinale
imprimée sur le 1er arceau ventral . . . . .   TESTACEUS.

ff. *Elytres* largement ovales, sans impression
transversale après la base. *Point de ligne*
longitudinale imprimée sur le 1er arceau
ventral. . . . .   MANNERHEIMI.

AA *Prosternum* non caréniforme, mais en lame abaissée
entre les hanches antérieures. (s-g. *Conithassa*
Thomson).

g. *Elytres* glabres.

h. *Elytres* en ovale court et large. *Métasternum* offrant,
seulement sur les côtés, une ponctuation médiocre,
très écartée. *1er arceau ventral* très obsolètement
ponctué. *Fossettes* post-coxales à bords non plissés.   BREVICOLLIS.

hh. *Elytres* en ovale plus ou moins allongé. *Métasternum* à ponctuation plus forte et moins serrée
que celle du 1er arceau ventral, qui est fine et
très dense. *Fossettes* post-coxales à bords plissés.

i. *Corselet* à angles antérieurs dilatés-arrondis en
lobes, offrant sur le disque 2 fossettes longitudinales. *Elytres* moins allongées, assez fortement ponctuées-striées, avec les intervalles
assez étroits, les alternes un peu relevés en
côtes, au moins à la base. . . . .   MINUTUS.

ii. *Corselet* à angles antérieurs non dilatés en lobes,
à côtés presque droits, offrant sur le disque
un sillon médian presque obsolète. *Elytres*
plus allongées, pas très fortement ponctuées-
striées, avec les intervalles assez larges,
presque plans et égaux. . . . .   CONSIMILIS.

gg. *Elytres* hérissées de poils en séries. . . . .   HIRTUS.

1. **Enicmus brevicornis** Mannerheim.

Allongé, subdéprimé, glabre, d'un noir mat, avec les antennes et les pattes d'un roux ferrugineux. Antennes courtes, atteignant à peine le milieu du corselet; le 1er article de la massue plus épais dès la base que les précédents. Tempes courtes après les yeux. Corselet subcordiforme, à peine aussi long que large, avec une fossette longitudinale sur la partie antérieure du disque, et une impression transversale en devant de la base. Elytres allongées, offrant chacune avant le milieu une dépression oblique, à stries finement ponctuées, avec les intervalles plans, larges, égaux. Prosternum nettement caréniforme. Métasternum et 1er segment ventral ponctués ; ce dernier sans ligne longitudinale imprimée subobliquement à partir des hanches postérieures.

Long.: 0,0017 à 0ᵐ002 (3/4 à 7/8 lign.); —larg.: 0ᵐ0006 à 0ᵐ0007 (2/7 à 1/3 lign.)

Lathridius brevicornis Mannerheim, in Germ. Zeitschr. V, pag. 101, n. 42.
Enicmus carbonarius Reitter, Stett. Ent. Zeit. 1875, pag. 332.
Lathridius Carbonarius Mannerheim, loc. cit., pag. 103, n. 42.

Corps allongé, subdéprimé, d'un noir mat, glabre, avec les antennes et les pattes, au moins en partie, d'un roux ferrugineux.

Tête moins longue que large, rétrécie en devant, un peu moins large (y compris les yeux) que le corselet antérieurement, rugueusement et assez grossièrement ponctuée sur toute sa surface, avec une excavation médiane longitudinale, au moins sur le vertex. *Epistome* transverse, séparé du front par une dépression arquée, qui aboutit de chaque côté à l'insertion antennaire, et situé sur un plan un peu inférieur. *Labre* très court, avec les angles antérieurs arrondis. *Joues* creusées obliquement en dessous d'une scrobe destinée à loger les 2 premiers articles des antennes au repos.

Antennes peu robustes, insérées en dessus à l'angle antérieur du front, courtes, n'atteignant pas la moitié du corselet, composées de 11 articles : le 1er très renflé, orbiculaire ; le 2e beaucoup moins épais, bien qu'il le soit distinctement plus que les suivants, plus long que le 3e; celui-ci plus long que large ; les suivants vont en décroissant peu à peu jusqu'au 8ᵉ qui est à peine aussi long que large; les articles 9ᵉ à 11ᵉ formant une massue épaisse très tranchée, dont le 1ᵉʳ article est à peine obconique, un peu plus long que le 10ᵉ; celui-ci presque transverse, aussi épais que le 11ᵉ, qui est un peu plus allongé, subovale.

Yeux globuleux, proéminents, occupant plus de la moitié du bord latéral de la tête à partir de l'insertion antennaire, subcontigus au prothorax, les tempes étant à peine représentées par un prolongement étroit sans angles distincts.

Pronotum subcordiforme, tantôt plus large que long, tantôt à peine transverse; moins large même en devant que les élytres, coupé à peu près droit en devant et à la base, avec les angles antérieurs arrondis indistincts; côtés légèrement dilatés-arrondis, non marginés, faiblement crénelés et ciliés, puis rétrécis après le milieu vers la base sur laquelle ils tombent à angle droit, vis-à-vis de la 5ᵉ strie des élytres; la surface est rugueusement et grossièrement ponctuée, sans côtes discales, offrant avant le milieu une fossette longitudinale de forme presque triangulaire, et une large impression transversale au devant de la base.

Ecusson très distinct, transverse.

Elytres allongées, presque coupées droit à la base, avec les angles huméraux légèrement arrondis, à peine sensibles, puis faiblement dilatées sous l'épaule et se continuant à peu près parallèlement jusque vers l'extrémité où elles s'arrondissent ensemble en recouvrant entièrement l'abdomen; la marge est légèrement relevée-explanée; le disque est subdéprimé avec les 5 premiers interstries plans et égaux, les 6ᵉ et suivants paraissent un peu convexes; le calus huméral est bien marqué; il y a 8 séries de lignes ponctuées se réunissant deux à deux, la 1ʳᵉ avec la 8ᵉ, la 2ᵉ avec la 7ᵉ, la 3ᵉ avec la 6ᵉ, et la 4ᵉ avec la 5ᵉ, ces deux dernières se réunissent vis-à-vis de la voussure; les points sont fins et plus longs que larges; la ligne juxtasuturale est un peu plus excavée avant la voussure; on distingue une impression oblique assez nette sur chaque élytre en avant de la moitié; le repli épipleural est inférieur et creusé longitudinalement, médiocrement large jusque vers la moitié du métasternum, puis se rétrécissant peu à peu, et réduit à une tranche vers le 5ᵉ arceau ventral.

Prosternum creusé de fossettes arrondies au devant de chacune des hanches antérieures ; ces fossettes sont séparées par une carène qui se prolonge jusqu'en arrière des hanches, en se maintenant au niveau de celles-ci ; toutes les propleures et le devant du sternum sont assez grossièrement ponctués ; il existe une double excavation sulciforme oblique entre les angles antérieurs et les hanches.

Mésosternum presque carré, court, terminé entre les hanches médianes et suivi d'un sillon transverse fortement marqué ; couvert d'une grossière ponctuation.

Métasternum allongé, égalant presque le premier arceau ventral, offrant un sillon longitudinal médian qui commence à peu près vers le premier 1/3 dans une légère fossette ; la surface est plus ou moins ponctuée, assez grossièrement et densément sur les côtés, plus finement et éparsement sur le milieu où la ponctuation devient obsolète ; les épipleures présentent une ligne longitudinale de points ; en arrière de chacune des hanches médianes on distingue une fossette transversale, dont les bords ne sont nullement plissés.

Abdomen de 5 segments : le 1ᵉʳ au moins aussi long que les 2 suivants réunis, n'offre point de ligne longitudinale oblique, mais il est couvert d'une très fine ponctuation aciculée, éparse, qui existe sur les arceaux suivants, et tendant à s'effacer vers l'extrémité ; les 2ᵉ à 5ᵉ sont courts et subégaux ; le dernier est un peu plus allongé que le précédent dans l'un des sexes.

Hanches antérieures nettement séparées par la carène prosternale ; les médianes sont beaucoup plus distantes ; et les postérieures sont encore plus largement écartées.

Cuisses assez robustes, un peu canaliculées en dessous. *Tibias* presque linéaires, simples, offrant sur leurs tranches des cils distincts à la loupe. *Tarses* ayant leurs 2 premiers articles peu allongés, subégaux ; le 3ᵉ dépasse les deux précédents pris ensemble. *Ongles* simples.

HABITAT. L'Angleterre, la France, l'Allemagne et l'Italie semblent être la patrie de cet insecte ; cependant Motschulsky l'a capturé au Daghestan. Sur notre territoire, on le prend aux environs de Paris et probablement aussi dans la plupart de nos provinces ; il paraît assez abondant au midi ; j'en ai vu des exemplaires provenant des diverses régions comprises entre les Landes et les Alpes-Maritimes. En Corse, il se trouve principalement sur le tamarix et le genévrier.

Obs. Le *L. brevicornis* et le *L. carbonarius* doivent évidemment être réunis : leurs descriptions concordent presque de tout point; la seule différence un peu marquée qu'on pourrait alléguer en faveur de leur séparation, la longueur relative du corselet, n'a pas assez de valeur, eu égard à la variabilité de cette partie du corps dans un grand nombre de Lathridiaires, et particulièrement dans le genre *Enicmus*.

Par sa forme allongée et subdéprimée, cet insecte rappelle les *Cartodere* et mérite par conséquent d'être placé en tête du genre actuel, dont il possède les caractères essentiels. Entre tous ses congénères, il se distingue très bien par la structure de ses antennes qui, outre leur brièveté plus grande, sont remarquables par leur 9° article plus épais dès la base que les articles précédents.

Ce caractère lui est commun néanmoins avec l'espèce suivante, que je décrirai brièvement pour ce motif, bien qu'elle soit étrangère à notre faune.

Enicmus dubius MANNERHEIM.

Allongé, à peine convexe, glabre, mat, d'un noir de poix, rufescent vers le sommet des élytres, avec les antennes et les pattes d'un roux-testacé. Tête fortement canaliculée au milieu, à ponctuation rugueuse comme celle du corselet. Antennes courtes, n'atteignant pas le milieu du thorax, à massue tranchée dès la base du 9° article. Corselet à peine plus long que large, faiblement dilaté-arrondi sur les côtés avant le milieu, avec les angles antérieurs émoussés arrondis, offrant sur le disque une impression longitudinale, et au devant de la base une impression transversale assez faible dans sa partie médiane, mais en fossette profonde de chaque côté. Élytres ovales, peu dilatées sur les côtés, sans impression transversale oblique après la base, ponctuées-striées assez fortement de 8 séries, avec les intervalles assez larges, égaux, imponctués. Prosternum nettement caréniforme au niveau des hanches antérieures. Métasternum et 1ᵉʳ segment abdominal à ponctuation nulle, ou se confondant avec de nombreuses rides longitudinales très fines. Point de ligne longitudinale obliquement imprimée sur le 1ᵉʳ arceau ventral, à partir des hanches postérieures.

Long. : 0ᵐ0015 à 0ᵐ0017 (2/3 à 3/4 lign.) ; — larg. : 0ᵐ0005 à 0ᵐ0006 (1/4 à 2/7 lign.)

Lathridius dubius MANNERHEIM, in Germ. Zeitschr. V, pag. 93, n. 32.

HABITAT. Sibérie orientale (Motschulsky); Caucase (Leder).

OBS. Placé par Mannerheim entre le *L. planatus* (variété du *rugosus*) et le *L. transversus*, l'*Enicmus dubius* a en effet avec ceux-ci des affinités évidentes ; je crois néanmoins préférable de le rapprocher davantage du *brevicornis* à cause de la structure analogue de ses antennes et de la massue antennaire, ce caractère me paraissant primer tous les autres. On le distinguera aisément de son congénère du même groupe par la forme de son corselet qui est presque carré, par ses élytres sans impression transversale après la base et rufescentes à l'extrémité, par l'absence de ponctuation sur le métasternum et le 1ᵉʳ arceau ventral, etc.

Outre la conformation différente des antennes qui le sépare nettement des espèces suivantes, il ne peut être confondu, ni avec le *transversus*, dont la coloration est testacée, et les yeux sont éloignés du corselet, ni avec le *rugosus* ou le *fungicola*, qui ont le métasternum et le premier arceau ventral ponctués plus fortement sur les côtés, et les étuis entièrement noirs, ou entièrement d'un roux testacé, etc.

2. **Enicmus rugosus** HERBST.

Ovale-oblong, subconvexe, glabre et presque mat avec les élytres un peu luisantes, noir à l'exception des parties buccales, des antennes et des pattes qui sont ferrugineuses. Antennes dépassant le milieu du corselet ; le premier article de la massue allongé, obconique, pas plus épais à la base que les précédents. Tempes courtes après les yeux. Corselet subtransverse, à peine cordiforme, avec les côtés arrondis au milieu, longitudinalement et faiblement canaliculé au milieu ; une impression transversale au devant de la base. Elytres en ovale peu allongé, finement ponctuées-striées, les points obsolètes vers l'extrémité, avec les interstries larges, égaux ; une impression oblique sur chacune avant le milieu. Prosternum nettement caréniforme. Métasternum et premier segment abdominal ponctués, plus fortement sur les côtés. Ce dernier avec une ligne longitudinale un peu obliquement imprimée.

Long. : 0ᵐ0015 à 0ᵐ0018 [(2/3 à 4/5 lign.); — larg. : 0ᵐ0005
à 0ᵐ0006 (1/4 à 2/7 lign).

Lathridius rugosus Herbst. Col. V, pag. 6, n. 3, pl. 44, fig. 3, c. C. — Gillenhal, Ins. Suec. IV, pag. 140, n. 20. — Mannerheim, in Germ. Zeitschr. V, pag. 90, n. 28.

Enicmus rugosus Thoms. Skand. Col. V, pag. 223, n. 2. — Reitter Steft. Ent. Zeit. 1875. p. 330.

Lathridius rugipennis Mannerheim, loc. cit., pag. 92, n. 30.

Lathridius planatus Mannerheim, loc. cit., pag. 93, n. 31.

Corps en ovale oblong, légèrement convexe, glabre et presque mat, hormis sur les élytres qui sont un peu luisantes, noir à l'exception des parties buccales, des antennes et des pattes qui sont ferrugineuses.

Tête plus large que longue, rétrécie antérieurement, n'égalant pas tout à fait le bord antérieur du corselet, rugueusement et grossièrement ponctuée sur toute sa surface, plus ou moins obsolètement canaliculée dans sa longueur médiane. *Epistome* transverse, séparé du front par une dépression arquée qui aboutit de chaque côté à l'insertion antennaire, et situé sur un plan un peu inférieur. *Labre* très court arrondi aux angles antérieurs. *Joues* creusées d'une scrobe contournant les yeux en avant et en dessous, pour loger les premiers articles antennaires au repos.

Antennes peu robustes, insérées en dessus à l'angle antérieur du front, assez courtes, n'égalant pas la tête et le corselet réunis, composées de 11 articles : le 1ᵉʳ renflé, orbiculaire, le plus gros de tous ; le 2ᵉ à peu près aussi long, un peu moins épais, subcylindrique, les 3ᵉ à 8ᵉ plus étroits, obconiques, un peu plus longs que larges ; le 8ᵉ un peu plus court que le précédent ; la massue distincte, quoique pas très épaisse, de trois articles, savoir : le 9ᵉ qui est obconique, dilaté au sommet, plus long que le précédent ; le 10ᵉ pareillement obconique et dilaté mais plus court, à peine aussi long que large, et le 11ᵉ allongé, plus long que le 9ᵉ, subovale et tronqué au bout.

Yeux globuleux, très proéminents, occupant presque toute la partie latérale de la tête à partir de l'insertion antennaire, très peu séparés du prothorax.

Pronotum tantôt fortement transverse, tantôt presque aussi long que large, un peu plus étroit que les élytres, à peine émarginé en devant, avec les angles antérieurs indistincts, arrondis ; les côtés sont assez fortement relevés, légèrement crénelés, ordinairement s'arrondissant et se dilatant au milieu (parfois presque droits), puis un peu plus rétrécis vers la base, sur laquelle ils tombent presque à angle droit, vis-à-vis du 6° interstrie des élytres ; la surface est rugueusement ponctuée, avec un sillon longitudinal médian peu marqué, et une impression transversale au devant de la base, plus profonde de chaque côté.

Ecusson très distinct, transverse.

Elytres en ovale peu allongé, presque coupées droit à la base, avec les angles huméraux à peine distincts, dilatées sous l'épaule et se recourbant peu à peu vers l'extrémité où elles s'arrondissent ensemble et recouvrent en entier l'abdomen ; la marge est relevée, explanée ; la surface est ponctuée-striée de 8 séries de points plus ou moins fins, obsolètes surtout vers l'extrémité (la 7° et la 8° sont un peu plus distinctes) ; intervalles larges, subégaux, imponctués, offrant parfois à la base une apparence ruguleuse ; avant le milieu, une impression transversale, oblique ; le calus huméral est peu saillant, formé par une faible convexité du 7° interstrie qui n'est pas caréniforme ; le repli épipleural est inférieur, assez large sous l'épaule, puis se rétrécissant peu à peu avec le contour de l'élytre, réduit à une tranche vers le 5° arceau ventral.

Prosternum offrant au bord antérieur une ligne transversale de gros points, puis creusé de fossettes arrondies au devant de chacune des hanches antérieures ; ces fossettes sont séparées entre elles par une carène qui se prolonge après les hanches jusqu'au bord du segment, en se maintenant au niveau de celles-ci ; les flancs sont marqués d'une dépression sulciforme oblique, des angles antérieurs aux hanches, et d'une autre impression transversale en arrière de celles-ci.

Mésosternum court, terminé entre les hanches médianes, et suivi d'un sillon transverse assez fortement marqué ; il paraît quelquefois comme finement plissé longitudinalement.

Métasternum allongé, égalant environ le 1er arceau ventral, ponctué plus fortement sur les côtés, obsolètement et très éparsement sur son milieu ; en arrière des hanches médianes, les fossettes sont petites et

à peine plissées sur leurs bords; une dépression longitudinale médiane existe sur la moitié postérieure, et au fond de cette dépression,
on distingue une strie fine.

Abdomen de 5 segments, le 1ᵉʳ au moins aussi long que les 2 suivants réunis, assez finement et éparsement ponctué, avec une ligne
longitudinale un peu oblique imprimée à partir des hanches postérieures et prolongée jusqu'après le milieu ; la partie intercoxale offre
parfois quelques plis longitudinaux extrêmement fins ; les 2ᵉ à 5ᵉ
arceaux sont courts, subégaux, et la ponctuation y est presque entièrement effacée.

Hanches antérieures, nettement séparées par la carène prosternale ;
les médianes environ 2 fois plus distantes ; les postérieures le sont
encore davantage.

Cuisses assez robustes, subcanaliculées en dessous. *Tibias* presque
linéaires, les antérieurs paraissant légèrement courbés chez les ♂.
Tarses ayant leurs 2 premiers articles courts, subégaux ; le 3ᵉ dépasse
en longueur les 2 précédents réunis. *Ongles* simples.

Habitat. M. Reitter indique seulement toute l'Europe boréale et
septentrionale. Son aire de diffusion est assurément beaucoup plus
grande, puisqu'on le trouve aussi jusqu'en Russie méridionale et au
Daghestan. En ce qui concerne la France, il habite certainement nos
contrées, même les plus méridionales : j'ai vu en effet des exemplaires
recueillis dans les Landes, dans les Hautes-Pyrénées, et à la Sainte-
Baume (Var); il paraît vivre sous l'écorce des arbres morts. En Corse
on le rencontre souvent sur les chênes-liège.

Obs. Ici encore nous avons affaire à une espèce, dont le corselet varie beaucoup quant à ses dimensions : tantôt il est notablement transverse, c'est le vrai *rugosus* ; tantôt il s'allonge au point d'être à peine
plus large que long, et alors ses côtés perdent un peu de leur contour
habituel et deviennent presque droits, c'est le *planatus*. Lorsque
les élytres ne présentent qu'une ponctuation sériale obsolète avec la
surface basale transversalement ruguleuse, c'est le *rugipennis*. De
semblables différences n'ont pas assez de valeur pour justifier une séparation, et je n'admets qu'une seule espèce très distincte par ses
caractères essentiels.

Le comte Dejean avait séparé dans sa collection, sous le nom inédit de *L. rufipes* quelques exemplaires provenant du département de l'Aude, et réellement identiques au véritable *rugosus*.

Parmi les espèces appartenant au premier sous-genre, indépendamment de la structure des antennes qui la différencie des *E. brevicornis* et *dubius*, et de la ponctuation assez forte, surtout latéralement, de son métasternum et du 1er arceau ventral, qui, si l'on excepte l'*E. fungicola*, ne se retrouvent point dans les suivantes, l'espèce actuelle est immédiatement reconnaissable à sa coloration uniforme d'un noir mat avec les élytres luisantes.

Je n'ai vu dans aucune collection française une espèce très voisine et qu'on serait tenté de regarder comme une variété de l'*E. rugosus*, si elle ne présentait des caractères suffisants pour justifier la séparation établie par M. Thomson. Comme elle pourrait se rencontrer sur notre territoire, il est utile de la signaler ici brièvement :

Enicmus fungicola THOMSON.

Ovale-oblong, subconvexe, glabre et mat, noir avec les parties buccales, les antennes et les pattes d'un roux ferrugineux et les élytres d'un brun de poix légèrement luisant. Antennes dépassant le milieu du corselet, 1er article de la massue allongé, obconique, pas plus épais à la base que les précédents. Tempes courtes après les yeux. Corselet transverse, à peine cordiforme, à côtés arrondis un peu avant le milieu, à peine canaliculé longitudinalement sur son disque avec une impression transversale au devant de la base. Elytres en ovale peu allongé, avec une faible impression oblique sur chacune avant le milieu, ponctuées-striées assez finement, les points obsolètes vers l'extrémité avec les interstries assez larges, égaux. Prosternum nettement caréniforme. Métasternum et 1er segment abdominal ponctués plus fortement sur les côtés. Point de ligne longitudinale imprimée sur le 1er arceau ventral en arrière des hanches postérieures.

Long. 0m0018 à 0m0022 (4/5 à 1 lign.); — larg. 0m0007 à 0m0008 (1/3 à 3/10 lign.)

Enicmus fungicola THOMSON, Skandin. Coleopt. X, pag. 336. — REITTER Stett. Ent. Zeit. 1875, pag. 331.

Habitat. Scandinavie (Thomson); Moravie et Silésie (Reitter). J'en ai vu aussi 2 exemplaires de Transylvanie.

Obs. Cette espèce, comme l'*E. rugosus*, a les yeux subcontigus au corselet, et la ponctuation du métasternum et du 1er arceau ventral assez forte, surtout latéralement; mais, outre la coloration différente de ses élytres qu'on ne saurait attribuer à un état immature et sa taille généralement un peu plus grande, elle s'en distingue essentiellement par l'absence de strie longitudinale imprimée sur le 1er segment abdominal en arrière des hanches postérieures, et par la forme de son corselet; dont les côtés s'arrondissent un peu avant le milieu, de manière à présenter leur plus grande largeur antérieurement.

3. **Enicmus transversus** Olivier.

Ovale allongé, subconvexe, glabre et luisant, ferrugineux en dessus avec la tête et le corselet parfois rembrunis ; dessous brun avec les antennes et les pattes d'un testacé clair. Antennes dépassant le milieu du corselet ; 1er article de la massue allongé, obconique, pas plus épais à la base que les précédents. Tempes allongées après les yeux. Corselet en carré transverse. obsolètement caniculé sur le disque; (ce sillon parfois divisé en 2 fossettes oblongues), avec une impression transversale plus profonde de chaque côté au devant de la base. Elytres en ovale allongé, sans impression transverse après la base, ponctuées-striées, avec les points s'effaçant parfois vers le sommet ; interstries imponctués, assez larges, subégaux. Prosternum nettement caréniforme. Métasternum et 1er segment abdominal imponctués, parfois finement plissés longitudinalement; une ligne longitudinale obliquement imprimée sur ce dernier à partir des hanches postérieures.

Long. : 0m0018 à 0m0022 (4/5 à 1 lign.); — larg. 0m0007 à 0m0009
(1/3 à 2/5 lign.)

Ips transversa Olivier, Ent. II. 18, 14, pl. 3, fig. 20, a. b.

Corticaria transversa Marsham, Entom. Brit. I, pag. 109, n. 10.

Lathridius transversus Mannerheim, in Germ. Zeitschr. V, p. 94, n. 33.

Enicmus transversus Thomson, Skandin. Coleopt. V, pag. 223, n. 1. — Reitter, Stett. Ent. Zeit. 1875, pag. 332.

Lathridius sculptilis Hummel, Ess. entom. IV, pag. 13. — Gyllenhal, Ins.
Suec. IV, p. 141.

Corps en ovale allongé, légèrement convexe, glabre et luisant, ordinairement ferrugineux en dessus avec les antennes et les pattes d'un
testacé clair, la plupart des segments de la page inférieure sont d'un
brun noir ; parfois la tête et même le corselet sont rembrunis.

Tête à peu près aussi longue que large, légèrement rétrécie antérieurement, un peu moins large (y compris les yeux) que le bord antérieur
du corselet, rugueusement et grossièrement ponctuée sur toute sa
surface avec un canal médian longitudinal assez marqué depuis l'épistome jusqu'à l'occiput. *Epistome* transverse, séparé du front par une
dépression arquée, qui aboutit de chaque côté à l'insertion antennaire,
et situé sur un plan un peu inférieur. *Labre* très court, arrondi aux
angles de devant. *Joues* creusées obliquement en dessous d'une sorte
de scrobe destinée à loger les 2 premiers articles des antennes au
repos.

Antennes peu robustes, insérées en dessus à l'angle antérieur du
front, assez courtes, n'égalant pas la tête et le corselet réunis, composées de 11 articles : le 1er très renflé, orbiculaire ; le 2e subcylindrique, légèrement plus épais que les suivants, plus long que le 3e ; celui-ci court, mais plus long que large ; le 4e est faiblement plus long
que les autres ; 5e à 8e décroissant insensiblement, tous obconiques ;
la massue assez tranchée, triarticulée, le 9e obconique, mais bien dilaté au sommet, plus long que le précédent ; le 10e aussi épais, mais
un peu moins allongé ; le 11e un peu plus long que le 9e, obliquement
tronqué au bout.

Yeux globuleux, proéminents, occupant plus de la moitié du bord
latéral de la tête à partir de l'insertion antennaire, séparés du prothorax par les tempes, qui sont assez allongées, sans toutefois égaler la
moitié du diamètre oculaire.

Pronotum assez déprimé, en carré transverse, plus étroit que les
élytres, émarginé en devant, à peine atténué vers le sommet avec les
angles antérieurs arrondis, indistincts, non dilatés en lobes ; côtés
crénelés et ciliés, avec le bord latéral relevé par suite d'une impression longitudinale, avec les angles postérieurs émoussés, tombant sur
la base en face du 6e interstrie des élytres ; la surface est rugueuse-

ment ponctuée, avec l'impression longitudinale médiane tantôt canaliculée, tantôt divisée en 2 fossettes plus ou moins distinctes, tantôt peu sensible et presque obsolète ; au devant de la base, une large impression transversale plus profonde sur les côtés.

Ecusson très distinct, transverse, et plus ou moins arrondi au sommet.

Elytres en ovale allongé, presque coupées droit à la base, avec les angles huméraux obtus, émoussés, puis dilatées sous l'épaule et se recourbant peu à peu vers l'extrémité où elles s'arrondissent ensemble, en recouvrant entièrement l'abdomen ; la marge est relevée-explanée ; la surface est ponctuée-striée de 8 séries, qui vont parfois en s'effaçant un peu vers le sommet ; le calus huméral est saillant, formé par le 7ᵉ interstrie qui est assez fortement convexe à la base, mais non caréniforme ; les 7ᵉ et 8ᵉ sont plus profondes, et les points sont gros ; on ne distingue pas d'impression transversale avant la moitié des étuis ; les intervalles sont imponctués, assez larges et subégaux ; le repli épipleural est inférieur, orné d'une très fine ligne longitudinale de points tout-à-fait au bord interne, assez large sous l'épaule, puis se rétrécissant peu à peu avec le contour de l'élytre, réduit à une tranche vers le milieu du 5ᵉ arceau ventral.

Prosternum offrant au bord antérieur une ligne transversale de gros points, puis creusé de fossettes arrondies au devant de chacune des hanches antérieures ; ces fossettes sont séparées par une carène qui se prolonge jusqu'après les hanches, en se maintenant au niveau de celles-ci ; les flancs sont plus ou moins excavés transversalement en avant et en arrière.

Mésosternum imponctué, court, terminé entre les hanches médianes et suivi d'un sillon transversal fortement marqué ; paraissant parfois finement plissé longitudinalement.

Métasternum allongé, égalant environ le 1ᵉʳ arceau ventral, imponctué à l'exception d'une ligne longitudinale de points, visible sur ses flancs ; on distingue en arrière des hanches médianes 2 fossettes arrondies avec les bords plissés, parfois reliées entre elles par une légère dépression transversale ; à partir du 1ᵉʳ tiers, une ligne longitudinale médiane, faisant parfois légèrement bomber les parties voisines.

Abdomen de 5 segments, imponctués : le 1ᵉʳ aussi long que les 2 suivants réunis, offrant de chaque côté à partir de la hanche une ligne longitudinale un peu obliquement imprimée, sans se prolonger jusqu'au bout de l'arceau ; la partie intercoxale est très légèrement plissée longitudinalement ; les 2º à 4º segments sont courts, subégaux ; le 5º est un peu plus long que le précédent, dans l'un des sexes.

Hanches antérieures nettement séparées par la carène prosternale ; les médianes sont au moins 2 fois plus distantes ; les postérieures s'écartent encore plus largement.

Cuisses assez robustes, subcanaliculées en dessous. *Tibias* presque linéaires, les antérieurs chez les ♂ paraissent un peu renflés dans leur moitié apicale et distinctement arqués. *Tarses* ayant leurs 2 premiers articles peu allongés. subégaux, le 3º surpasse en longueur les 2 précédents pris ensemble. *Ongles* simples.

Habitat. C'est l'une des espèces les plus communes : on la trouve sous les écorces, à la racine des plantes, près des fumiers dans toute l'Europe et jusqu'au Caucase ; elle vit également en Algérie.

Obs. Malgré les variations très nombreuses auxquelles elle est sujette soit pour la coloration, soit pour la sculpture du prothorax et des élytres, elle est bien distincte de toutes ses congénères par ses yeux éloignés du corselet. En outre, l'absence de ponctuation sur le métasternum et le 1ᵉʳ arceau ventral la séparent des deux précédentes, et la forme carrée du pronotum l'éloigne des 2 suivantes. On peut ajouter encore que l'*E. testaceus* offre après la base des étuis une impression transversale qui n'existe pas chez le *transversus*.

4. **Enicmus testaceus** Stephens.

Ovale, assez convexe, glabre et presque mat, d'un brun testacé ou parfois noir de poix avec les antennes et les pattes ferrugineuses. Antennes dépassant le milieu du corselet; 1ᵉʳ article de la massue allongé, obconique ; pas plus épais à la base que les précédents. Tempes courtes après les yeux. Corselet notablement transverse et nettement cordiforme, subcanaliculé sur la moitié antérieure avec une impression transversale au-devant de la base. Elytres ovales, avec une impression transversale oblique sur chacune avant le milieu, ponctuées-striées, les points s'effaçant vers le sommet ,interstries imponc-

*tués, assez larges, égaux. Prosternum nettement caréniforme. Métas-
ternum et 1* *arceau ventral imponctués, parfois finement plissés longitudinalement; sur ce dernier, une ligne longitudinale un peu obliquement imprimée à partir des hanches postérieures.*

Long.:0ᵐ0015 à 0ᵐ002 (2/3 à 7/8 lign.); — larg.: 0ᵐ0006 à 0ᵐ0008 (1/4 à
1/3 lign.)

Lathridius testaceus STEPHENS, Ill. Brit. III, pag. 114, pl. 18, fig. 3.
Enicmus testaceus REITTER, Stett. Ent. Zeit. 1875, p. 330.
Lathridius cordaticollis AUBÉ, Ann. Soc. Ent. Fr. 1850, p. 332, n. 42.
Enicmus crenicollis THOMSON, Skandin. Coleopt. X, pag. 57, n. 3.

Corps en ovale, assez convexe, glabre et presque mat, d'un brun
testacé, ou parfois d'un noir de poix an moins en partie, avec les
antennes et les pattes ferrugineuses.

Tête plus large que longue, rétrécie antérieurement, n'égalant pas
(y compris les yeux) le bord antérieur du corselet, rugueusement et
grossièrement ponctuée sur toute sa surface, obsolètement canaliculée sur le milieu, transversalement impressionnée sur l'occiput. *Epistome* transverse, séparé du front par une dépression peu arquée qui
aboutit de chaque côté à l'insertion antennaire, et situé sur un plan
un peu inférieur. *Labre* très court, arrondi aux angles antérieurs. *Joues*
creusées en avant et en dessous des yeux d'une scrobe pour loger
les deux premiers articles antennaires au repos.

Antennes peu robustes, insérées en dessus à l'angle antérieur du
front, assez courtes, n'égalant pas la tête et le corselet réunis, composées de 11 articles : le 1ᵉʳ renflé, orbiculaire, le plus gros de tous; le
2ᵉ subcylindrique, allongé, notablement moins épais; le 3ᵉ et les suivants plus minces, obconiques, plus longs que larges, diminuant insensiblement de longueur jusqu'au 8ᵉ qui est le plus court; les 9ᵉ à 11ᵉ
formant la massue qui n'est pas très tranchée, le 9ᵉ article obconique,
allongé, le 10ᵉ court, subtransverse, le dernier allongé, en ovale subtronqué au bout.

Yeux globuleux, très proéminents, occupant plus des 2/3 de la partie latérale de la tête à partir de l'insertion antennaire, peu séparés
du prothorax.

Pronotum transverse, très large, cordiforme, tronqué droit à la base, un peu émarginé en devant avec les angles antérieurs très obtus émoussés, peu distincts ; les côtés sont largement explanés et relevés en marge crénelée, fortement dilatés-arrondis sur leur moitié antérieure, puis rétrécis et tombant sur la base à angle droit (l'angle est bien marqué) vis-à-vis du 6° interstrie des élytres ; la surface est couverte d'une ponctuation rugueuse et grossière, avec une impression médiane longitudinale peu marquée, et une impression transversale au-devant de la base, plus profonde de chaque côté.

Ecusson très distinct, transverse, plus ou moins arrondi au sommet.

Elytres en ovale pas très allongé, presque coupées droit à la base, avec les angles huméraux subarrondis, un peu dilatées sous l'épaule et plus larges que le corselet, se recourbant peu à peu vers l'extrémité où elles s'arrondissent ensemble et recouvrent entièrement l'abdomen ; la marge est relevée-explanée ; la surface est ponctuée-striée de 8 séries de points assez marqués à la base, s'effaçant un peu vers le sommet ; la strie juxta-suturale est plus enfoncée avant la voussure des étuis ; la 7° et la 8° stries sont plus fortes ; on distingue avant le milieu une légère impression transversale un peu oblique sur chaque élytre ; intervalles imponctués ; calus huméral faiblement marqué, le 7° interstrie par la convexité duquel il est formé, n'étant point relevé en carène ; le repli épipleural est inférieur, assez large sous l'épaule, puis graduellement rétréci avec le contour de l'élytre, réduit à une tranche vers le 5° arceau ventral.

Prosternum offrant au bord antérieur une ligne transversale de gros points, puis creusé de fossettes arrondies au-devant de chacune des hanches antérieures; ces fossettes sont séparées par une carène qui se prolonge jusqu'au bord du segment, en se maintenant au niveau des hanches ; les flancs sont marqués d'une dépression sulciforme un peu oblique des angles antérieurs aux hanches, et d'une autre impression transversale en arrière de celles-ci.

Mésosternum court, terminé entre les hanches médianes. et suivi d'une dépression transverse fortement marquée.

Métasternum allongé, égalant le 1ᵉʳ arceau ventral, presque imponctué, offrant, en arrière des fossettes post-coxales, des rides longitudinales très fines; à partir du premier tiers, le milieu est marqué d'une strie longitudinale très nette.

Abdomen de 5 segments. presque imponctués : le 1ᵉʳ plus long que les 2 suivants réunis, offrant une ligne longitudinale un peu oblique imprimée à partir des hanches postérieures jusqu'aux 2/3 à peine, et quelques plis longitudinaux extrêmement fins de chaque côté en arrière des hanches ; les segments 2ᵉ à 5ᵉ sont très courts, subégaux.

Hanches antérieures nettement séparées par la carène prosternale ; les médianes environ 2 fois plus distantes ; les postérieures s'écartent encore davantage.

Cuisses assez robustes, canaliculées en dessous. *Tibias* presque linéaires. *Tarses* ayant leurs 2 premiers articles courts, subégaux ; le 3ᵉ dépasse en longueur les 2 précédents pris ensemble. *Ongles* simples.

Habitat. Trouvé d'abord en Angleterre par Stephens qui le décrivit, il ne fut point reconnu par le Dʳ Aubé, qui le publia de nouveau sous le nom de *L. cordaticollis*, d'après des exemplaires recueillis à Paris et au Mans. J'en ai vu un certain nombre provenant des Hautes-Pyrénées et il se rencontre sans doute dans toute la France. M. Revelière l'a pris en Corse à l'Ospedale près de Porto-Vecchio et à Bastelica sur le hêtre et sur des bolets. Dejean avait séparé dans sa collection sous le nom inédit de *rufipennis* quelques individus de Styrie, qui ne diffèrent que par leur coloration particulière.

Obs. A en juger par les matériaux assez nombreux que j'ai eus à ma disposition, cette espèce est l'une des moins variables du genre, les variations affectant seulement la taille, la couleur et le degré de ponctuation des élytres. Aussi est-il facile de la reconnaître au premier coup d'œil à son corselet large, nettement cordiforme, à côtés finement crénelés. Ses yeux peu éloignés du prothorax la distinguent en outre de l'*E. transversus* dont elle est voisine par son métasternum et son 1ᵉʳ arceau ventral presque imponctués.

La description de l'*E. crenicollis* concorde parfaitement sur les points essentiels, et il n'y a pas lieu d'hésiter sur cette synonymie.

Dans sa *Fauna Baltica* (II. pag. 167, note ***), M. le Dʳ Seidlitz prétend que le *Lathr. cordaticollis* Aubé ne saurait être rapporté au *Lath. testaceus*, qui paraît plutôt appartenir au genre *Cartodere*. Cette interprétation est absolument inexacte : même en faisant abstraction du dessin publié par l'auteur anglais, dessin qui représente pourtant assez bien le faciès d'un *Enicmus*, il suffit de lire la description pour

résoudre ce problème ; en effet, les caractères signalés par les expressions « *Thorax... canalicula longitudinali obsoleta interrupta;
...Elytra... tenuiter obsolete punctato-striata* » ne peuvent convenir
aux *Cartodere* chez lesquelles le thorax n'est jamais canaliculé longitudinalement dans son milieu, et les élytres sont toujours très fortement ponctuées-striées.

Il faut placer ici une curieuse espèce, étrangère à notre faune, mais
qui mérite d'être mieux connue.

Enicmus Mannerheimi Kolenati.

*En ovale large, très convexe, glabre, entièrement d'un ferrugineux
assez luisant, rugueusement ponctué sur la tête et le corselet, avec
une impression longitudinale médiane qui se prolonge sur ces deux
segments. Antennes dépassant la moitié du prothorax, à massue
triarticulée peu tranchée, le 9° article étant allongé, obconique, pas
plus épais à la base que le précédent. Corselet cordiforme, avec les
côtés assez fortement arrondis avant le milieu, et largement relevés ;
l'impression transversale au devant de la base est très profonde de
chaque côté. Elytres largement ovales, à calus huméral à peine marqué, sans impression transversale oblique après la base, fortement
dilatées dans leur milieu, offrant 8 stries ponctuées fortement, avec
les intervalles un peu plus convexes à la base. Prosternum nettement
caréniforme entre les fossettes et les hanches antérieures. Métasternum
et 1ᵉʳ arceau ventral imponctués ; ce dernier sans strie longitudinale
imprimée après les hanches postérieures.*

Long. : 0ᵐ0015 à 0ᵐ002 (3/4 à 7/8 lign.) ; — larg. : 0ᵐ0007 à 0ᵐ0009
(1/3 à 2/5 lign.)

Lathridius Mannerheimi Kolenati, Melet. Ent. III, pag. 42, pl. 14, fig. 13.

Habitat. Mont-Suram, au Caucase, où il a été pris en nombre par
M. Leder.

Obs. La forme insolite de ses étuis largement ovales, qui rappellent
un peu ceux des *Revelieria* et annoncent pour ainsi dire le voisinage
de ce genre, caractérise parfaitement cette espèce. Ses tempes peu allongées après les yeux et son corselet cordiforme la distinguent en

outre de l'*E. transversus*. Ses élytres sans impression transversale après la base, à stries fortement ponctuées avec les intervalles subconvexes à la base, l'absence de ligne longitudinale imprimée sur le premier arceau ventral, et plusieurs autres détails secondaires de sa structure la différencient surabondamment de l'*E. testaceus*.

En tête du sous-genre *Conithassa*, je placerai une espèce qui, à ma connaissance du moins, n'a point été rencontrée sur notre territoire ; je la signalerai brièvement :

Enicmus [Conithassa] brevicollis THOMSON.

Ovale peu allongé, glabre, presque mat, noir ou d'un brun ferrugineux avec les antennes et les pattes testacées. Antennes atteignant presque la base du corselet ; 1ᵉʳ article de la massue allongé, obconique, pas plus épais à la base que le sommet du précédent. Tempes courtes après les yeux ; ceux-ci saillants, occupant plus de la moitié du bord latéral de la tête. Corselet nettement transverse, à côtés crénelés un peu arrondis avant leur moitié, orné de 2 fossettes longitudinales médianes et d'une impression transversale au devant de la base. Elytres en ovale court et large, assez fortement ponctuées-striées, avec les intervalles assez larges, imponctués, plans, excepté le 3ᵉ qui est légèrement relevé à la base et le 7ᵉ qui est costiforme au moins dans sa moitié antérieure. Prosternum en lame abaissée entre les hanches. Métasternum à ponctuation médiocre, très écartée, distincte seulement sur les côtés, à fossettes post-coxales sans plis sur les bords. 1ᵉʳ arceau ventral très obsolètement ponctué. (1).

Long. : 0ᵐ0015 (2/3 lign) ; — larg. : 0ᵐ0008 (1/3 lign.)

Conithassa brevicollis THOMSON, Skandin. Coleopt. X, pag. 56, n. 4.
Enicmus carpathicus REITTER, Stett. Ent. Zeit. 1876, pag. 51.

HABITAT. Scandinavie (Thomson). Trouvé par M. Reitter dans les montagnes du nord-est de la Hongrie, parmi les débris vermoulus de vieux bolets du hêtre.

(1) L'un des exemplaires de ma collection offre sur la partie médiane du 1ᵉʳ segment ventral, mais assez rapprochés du 2ᵉ arceau, 2 petits tubercules très distincts, que je suppose être un caractère sexuel.

Obs. La synonymie ci-dessus a été établie par M. Reitterlui-même. L'espèce actuelle est intéressante, parce qu'elle rappelle un peu la forme courtement ovale de l'*E. Mannerheimi*, mais son prosternum en lame abaissée entre les hanches la rattache au sous-genre *Conithassa*, dans lequel on la reconnaitra aisément à la forme de ses élytres, et à la ponctuation médiocre très écartée sur le métasternum, obsolète sur le 1er arceau ventral.

5. **Enicmus [Conithassa] minutus** Linné.

Ovale plus ou moins allongé, convexe, glabre, presque mat, noir ou d'un brun de poix avec les pattes et les antennes ferrugineuses, ou entièrement ferrugineux. Antennes dépassant le milieu du corselet ; 1er article de la massue allongé, obconique, pas plus épais à la base que le sommet du précédent. Tempes courtes après les yeux. Corselet plus étroit en arrière, à angles antérieurs dilatés-arrondis en lobes, offrant sur le disque 2 fossettes longitudinales, et au devant de la base une impression transverse. Elytres peu allongées, assez fortement ponctuées-striées, avec les interstries assez étroits, les alternes un peu relevés en côtes, au moins à la base. Prosternum en lame abaissée entre les hanches. Métasternum à ponctuation plus forte et moins serrée que celle du 1er segment abdominal, qui est fine et très dense. Fossettes post-coxales à bords plissés.

Long. 0m0012 à 0m0024 (3/5 à 1 lign.); — larg. : 0/0005 à 0/001 (1/4 à 1'2 lign.)

Tenebrio minutus Linné, Syst. nat. II, pag. 675, n. 12.
Ips minuta Olivier, Ent. II. 18, pag. 14, n. 22.; pl. 3, fig. 22, a. b.
Lathridius minutus Mannerheim, in Germ. Zeitschr. V, pag. 96, n. 34.
Conithassa minuta Thomson, Skandin. Coleopt. V, pag. 221, n. 1.
Enicmus minutus Reitter, Stett. Ent. Zeit. 1875, pag. 327.
Lathridius porcatus Herbst, Coleopt. V, pag. 6, n. 4 ; pl. 44, fig. 4, d. D. — Gyllenhal, Ins. Suec. IV, pag. 142, n. 22. — Curtis, Brit. Ent. VII, pl. 311, n. 3.
Lathridius assimilis Mannerheim, in Germ. Zeitschr. V, pag. 98, n. 36.
Lathridius anthracinus Mannerheim, loc. cit., pag. 97, n. 35.
Lathridius scitus Mannerheim, loc. cit., pag. 99, n. 37.
Permidius minutissimus Motschulsky, Bull. Mosc. 1866. III, pag. 251.

Corps en ovale plus ou moins allongé, convexe, glabre, presque
mat, noir ou d'un brun de poix avec les pattes et les antennes ferrugineuses, souvent entièrement ferrugineux.

Tête aussi large que longue, un peu rétrécie antérieurement, n'égalant pas (y compris les yeux) le bord antérieur du corselet, rugueusement et grossièrement ponctuée sur toute sa surface, avec un sillon
longitudinal médian plus ou moins net. *Epistome* transverse, séparé
du front par une dépression faiblement arquée, qui aboutit de chaque
côté à l'insertion des antennes, et situé sur un plan un peu inférieur.
Labre très court, arrondi aux angles antérieurs. *Joues* creusées d'une
scrobe contournant les yeux en avant et en dessous, pour loger les
premiers articles antennaires au repos.

Antennes peu robustes, insérées en dessus à l'angle antérieur du
front, assez courtes, n'égalant pas la tête et le corselet réunis, composées de 11 articles : le 1er très renflé, orbiculaire ; le 2e subcylindrique, moins épais ; [les 3e à 8e plus minces, allongés, diminuant
graduellement de longueur, de sorte que le 8e est le plus court, bien
qu'il soit encore aussi long que large ; les 9e à 11e articles formant
une massue assez dilatée, dont le 1er article est obconique, plus allongé
que le précédent, aussi étroit à la base que celui-ci au sommet ; le
pénultième transverse, aussi dilaté que le dernier, qui est au moins
aussi allongé que le 9e et tronqué obliquement au bout.

Yeux globuleux, proéminents, occupant les 2/3 environ de la partie
latérale de la tête à partir de l'insertion antennaire, brièvement distants du prothorax.

Pronotum tantôt presque transverse, tantôt aussi long que large,
plus étroit à la base qu'au sommet, émarginé en devant avec les angles
antérieurs arrondis et plus ou moins dilatés en lobes ; côtés marginés-
crénelés, se rétrécissant après les lobes en droite ligne ou subsinueusement pour former un angle obtus sur la base, vis-à-vis du 6e interstrie
des élytres ; la surface est couverte d'une ponctuation rugueuse, et
offre sur le disque une ou 2 fossettes longitudinales, et au devant de
la base une impression transversale.

Ecusson très distinct, transverse.

Elytres en ovale plus ou moins allongé, coupées droit ou faiblement
émarginées à la base, avec les angles huméraux arrondis, indistincts,
subanguleusement dilatées sous l'épaule, et se recourbant ensuite peu

à peu vers le sommet, où elles s'arrondissent ensemble et recouvrent entièrement l'abdomen ; la marge est relevée-explanée ; la surface est ponctuée-striée de 8 séries de points assez forts, devenant parfois un peu plus faibles vers l'extrémité ; la juxta-suturale forme un sillon plus marqué avant la voussure ; intervalles étroits, imponctués, les alternes souvent un peu relevés en côtes, surtout à la base ; le calus huméral est très marqué par la carène du 7ᵉ interstrie, qui se prolonge jusqu'après la moitié des élytres ; le repli épipleural est inférieur, assez large sous l'épaule, se rétrécissant ensuite graduellement avec le contour de l'élytre, réduit à une tranche vers le 5ᵉ arceau ventral.

Prosternum sans ligne transversale de gros points au bord antérieur, creusé au devant des hanches de 2 fossettes entre lesquelles commence la lame prosternale ; celle-ci est médiocre, non carénée, un peu rétrécie entre les hanches, puis un peu plus large après elles, toujours au dessous de leur niveau ; les flancs sont marqués d'une dépression sulciforme oblique, des angles antérieurs aux hanches, et d'une autre impression transversale en arrière des hanches.

Mésosternum court, rugueux, terminé entre les hanches médianes, et suivi d'un sillon transverse assez fortement excavé.

Métasternum allongé, égalant environ le 1ᵉʳ arceau ventral, à ponctuation forte, pas très serrée, couvrant toute la surface, hormis une ligne médiane étroite partant du tiers antérieur et enfoncée jusqu'au bord intercoxal, en faisant un peu saillir les parties voisines ; en arrière des hanches médianes, de chaque côté, une fossette arrondie à bords plissés étoilés.

Abdomen de 5 segments : le 1ᵉʳ aussi long que les 2 suivants réunis, très finement et assez densément ponctué, sans ligne longitudinale obliquement imprimée à partir des hanches postérieures ; les 2ᵉ à 4ᵉ sont assez courts, subégaux, presque imponctués ; le 5ᵉ est un peu plus long que le précédent.

Hanches antérieures séparées par la lame prosternale ; les médianes le sont plus encore, et les postérieures notablement davantage.

Cuisses assez robustes, canaliculées en dessous. *Tibias* presque linéaires. *Tarses* ayant leurs 2 premiers articles peu allongés, subégaux ; le 3ᵉ égale les 2 précédents pris ensemble. *Ongles* simples.

HABITAT. De toute la famille des Lathridiens, c'est l'espèce la plus vulgaire : on la rencontre à peu près partout, depuis l'extrême nord jusqu'aux régions du Caucase; elle vit aussi en Afrique.

Obs. Extrêmement variable dans sa taille, dans sa coloration, dans sa forme générale plus ou moins allongée, dans la configuration de son corselet transverse, carré ou même plus long que large, avec les côtés tantôt presque parallèles, tantôt dilatés en lobes plus ou moins nets antérieurement, elle a été l'objet de descriptions réitérées. La liste synonymique, déjà fort longue, pourrait s'augmenter encore : ainsi, par exemple, M. Reitter soupçonne que le *Lathr. exaratus* Falderman (Fauna Transcauc. II, pag. 253, n. 473), n'est pas autre chose que le vulgaire *minutus* L., et je ne suis pas éloigné de me ranger à cet avis, autant du moins qu'il est possible de se prononcer en pareille matière sans avoir sous les yeux d'autres éléments d'appréciation que la description de Falderman.

Peut être faut-il en dire autant de l'espèce établie par M. Reitter (Stett. Ent. Zeit. pag. 327) sous le nom d'*E. Lederi*. D'après des exemplaires recueillis à Oran (Algérie) par M. Leder, cette espèce se distinguerait du vrai *minutus* L. par son corselet très court, presque 2 fois aussi large que long, offrant ses angles antérieurs tronqués obliquement, par les intervalles alternes des élytres plus convexes, et par la ponctuation sériale profonde devenant très fine vers l'extrémité. Quant à la variété *anthracinus*, dont elle paraît très voisine, elle est ordinairement de taille plus petite que la forme typique, et son corselet est moins large avec les angles antérieurs à peine dilatés latéralement, tandis que le *Lederi* serait plus grand (0ᵐ002 à 0ᵐ0022) avec le pronotum plus large et les lobes antérieurs en saillie obliquement tronquée assez nette. Ces caractères me semblent, je l'avoue, de bien peu d'importance ; toutefois, comme M. Reitter affirme n'avoir point vu de passages en ce qui concerne la structure du pronotum, bien qu'il ait rencontré de nombreuses variations dans les autres parties du corps, il est possible que ce soit là au moins une race africaine, sur laquelle il convient d'attirer l'attention des entomologistes.

Les premiers états de l'*E. minutus* sont parfaitement connus, depuis que Perris en a publié l'intéressante histoire (Ann. Soc. Ent. Fr. 1852, pag. 571-585).

Auprès de l'*E. minutus* vient se placer l'espèce suivante, qui pourrait se trouver sur notre territoire :

Enicmus [Conithassa] consimilis MANNERHEIM.

*Ovale allongé, convexe, glabre, presque mat, noir ou d'un brun de
poix, avec les parties buccales, les antennes et les pattes d'un roux
ferrugineux; parfois la tête et le corselet seuls rembrunis avec les
élytres testacées (var. subtestaceus Reitter). Antennes dépassant le
milieu du corselet; 1ᵉʳ article de la massue allongé, obconique, pas
plus épais à la base que le sommet du précédent. Tempes courtes
après les yeux. Corselet presque carré, à côtés à peu près droits avec
les angles antérieurs non dilatés en lobes; offrant sur le disque un
sillon médian presque obsolète, et au devant de la base une impression transversale plus profonde latéralement. Elytres allongées, pas
très fortement ponctuées–striées, à intervalles assez larges, presque
plans et égaux; le 7ᵉ seul relevé en côte jusqu'après la moitié de sa
longueur. Prosternum en lame abaissée entre les hanches. Métasternum à ponctuation plus forte et moins serrée que celle du 1ᵉʳ segment
abdominal, qui est fine et très dense. Fossettes post-coxales à bords
plissés.*

Long. : 0ᵐ002 à 0ᵐ0022 (7/8 à 1 lign.); — larg. : 0ᵐ0008 à 0ᵐ0009
(3/10 à 4/10 lign.).

Lathridius consimilis MANNERHEIM, in Germ. Zeitschr. V, pag. 99, n. 38.

Conithassa consimilis THOMSON, Skandin. Coleopt. V, pag. 222, n. 3.

Enicmus consimilis REITTER, Stett. Ent. Zeit. 1875, pag. 328. — SEIDLITZ,
Fauna Baltica. II, pag. 167.

Lathridius parallelocollis MANNERHEIM, in Germ. Zeitschr. V, pag. 101, n. 40.

HABITAT. Quoique rare, cet insecte a néanmoins une aire de diffusion
assez étendue; il n'est pas confiné à la Suède ou à la Finlande, mais on
le retrouve en Allemagne et jusqu'en Transylvanie. Les exemplaires
que je possède du type ont été capturés dans la Hongrie septentrionale;
la jolie variété que M. Reitter m'a envoyée sous le nom de *consimilis*
vàr. *subtestaceus* provient de Moravie (Beskiden).

OBS. Malgré son affinité frappante avec le *minutus,* on reconnaîtra
l'espèce actuelle à son corselet presque carré, très peu plus large que
long, orné d'un sillon médian presque obsolète, et sans lobes saillants
aux angles antérieurs; les élytres paraissent également un peu plus

allongées, leur ponctuation sériale n'est pas très forte, et leurs intervalles sont assez larges, égaux et presque plans. L'une des nombreuses formes du *minutus*, le *L. scitus* Mannh., a, il est vrai, des élytres
à interstries presque semblables, mais son prothorax n'a point les côtés
parallèles.

Enicmus [Conithassa] hirtus GYLLENHAL.

Ovale oblong, convexe, mat sur la tête et le corselet, luisant sur les
élytres, hérissé en dessus de poils longs et épais, noir avec les parties
buccales, les antennes et les pattes d'un roux assez clair. Antennes
dépassant le milieu du corselet; 1ᵉʳ article de la massue allongé, ob
conique, pas plus épais à la base que le sommet du précédent. Tem
pes courtes après les yeux. Corselet presque carré, assez fortement ca
naliculé dans son milieu, avec une fossette de chaque côté avant la
base. Elytres en ovale oblong, avec une impression transversale obli
que de chaque côté avant le milieu; ponctuées-striées, les points
s'effaçant vers l'extrémité avec les intervalles larges, égaux et pré
sentant quelques points pilifères très fins et espacés. Prosternum en
lame abaissée entre les hanches. Métasternum à ponctuation forte,
peu serrée. Fossettes post-coxales à bords plissés. 1ᵉʳ arceau ventral
très finement et très éparsement ponctué.

Long. : 0ᵐ0016 à 0ᵐ0022 (3/4 à 1 lign.); — larg. : 0ᵐ0007 à 0ᵐ0009
(1/3 à 2/5 lign.)

Lathridius hirtus GYLLENHAL, Ins. Suec. IV, pag. 139, n. 19. — MANNERHEIM,
in Germ. Zeitschr. V, pag. 89, n. 27.

Conithassa hirta THOMSON, Skandin. Coleopt. V, pag. 221, n. 2.

Enicmus hirtus REITTER, Stett. Ent. Zeit. 1875, pag. 327. — SEIDLITZ, Faun.
Baltica. II, pag. 167.

Corps oblong, convexe, fortement hérissé par places de poils longs
et épais, mat sur la tête et le prothorax, luisant sur les élytres, noir à
l'exception des parties buccales, des antennes et des pattes qui sont
(au moins partiellement) d'un roux assez clair.

Tête aussi longue que large, rétrécie antérieurement, n'égalant pas
(y compris les yeux) le bord antérieur du corselet, rugueusement et
grossièrement ponctuée sur toute sa surface, avec un sillon longitu

dinal médian, très distinct au moins sur le vertex. *Epistome* transverse, séparé du front par une dépression faiblement arquée, qui aboutit de chaque côté à l'insertion des antennes, et situé sur un plan un peu inférieur. *Labre* trèscourt, arrondi aux angles antérieurs. *Joues* faiblement creusées d'une scrobe qui contourne les yeux en avant et en dessous pour loger les premiers articles antennaires au repos.

Antennes assez robustes, pubescentes, insérées en dessus à l'angle antérieur du front, n'égalant pas la tête et le corselet réunis, composées de 11 articles : le 1ᵉʳ très renflé, orbiculaire ; le 2ᵉ subcylindrique moins épais ; les 3ᵉ à 8ᵉ plus minces, allongés, subégaux ou diminuant peu à peu de longueur ; les 9ᵉ à 11ᵉ articles formant une massue assez dilatée, dont le premier article est allongé, plus que chacun de ceux entre lesquels il se trouve, aussi étroit à la base que le 8ᵉ au sommet, le pénultième à peine plus long que large, aussi dilaté que le dernier, qui est au moins aussi allongé que le 9ᵉ et tronqué obliquement au bout.

Yeux globuleux, proéminents, occupant les 2/3 environ de la partie latérale de la tête à partir de l'insertion antennaire, brièvement distants du prothorax.

Pronotum presque carré, assez profondément canaliculé dans le milieu de sa longueur et plus largement en avant qu'en arrière, creusé en fossette de chaque côté avant la base, à ponctuation rugueuse et grossière sur toute sa surface ; émarginé en devant avec les angles antérieurs arrondis, à peine plus large en devant ; les côtés relevés et presque droits ou subsinueusement émarginés tombent sur la base vis-à-vis du 6ᵉ interstrie des élytres ; les bords latéraux et les marges du canal médian sont garnies d'une pubescence plus serrée qui offre l'apparence d'une crête, de sorte qu'au premier abord on dirait que le corselet a 2 côtes longitudinales comme celui des *Lathridius.*

Ecusson distinct, transverse.

Elytres en ovale oblong, coupées droit à la base, après laquelle on distingue une faible impression transversale un peu oblique, de chaque côté ; arrondies aux angles huméraux, puis dilatées assez sensiblement et se rétrécissant ensuite peu à peu vers le sommet où elles s'arrondissent ensemble, recouvrant entièrement l'abdomen ; la surface est ponctuée-striée de 8 séries de points assez forts, obsolètes vers l'ex-

trémité ; la série juxta-suturale forme un sillon plus marqué avant la
voussure, et le premier intervalle de chaque côté se relève, de manière
à donner à la suture une apparence tectiforme ; les interstries sont
larges, égaux, presque imponctués, cependant on distingue sur le
1er, le 3° et le 5° une série de quatre ou cinq points écartés, pilifères,
très fins ; les stries ponctuées sont hérissées de longs poils, et la marge
est fortement ciliée ; le calus huméral est assez saillant, mais le 7°
interstrie n'est point careniforme ; le repli épipleural est inférieur,
large sous l'épaule, puis se rétrécissant graduellement avec le contour
de l'élytre, réduit à une tranche vers le 5° arceau ventral.

Prosternum sans ligne transversale de gros points au bord antérieur, offrant au-devant des hanches des fossettes entre lesquelles il
s'étend en se rétrécissant un peu sous forme de lame égalant à peu
près le trochanter en largeur, puis un peu plus large en arrière, mais
toujours au-dessous du niveau des hanches ; les flancs sont marqués
de 2 dépressions transversales.

Mésosternum court, rugueux, terminé entre les hanches médianes,
et suivi d'un sillon transversal assez fortement creusé.

Métasternum allongé, égalant environ le 1er arceau ventral, à ponctuation forte, pas très serrée, couvrant toute la surface, avec une
ligne médiane longitudinale partant du 1/3 antérieur et se terminant
entre les hanches postérieures en une petite fossette parfois obsolète ;
en arrière des hanches médianes, des fossettes arrondies, à bords
plissés.

Abdomen de 5 segments : le 1er aussi long que les 2 suivants réunis,
très finement et très éparsement ponctué, sans ligne longitudinale
obliquement imprimée à partir des hanches postérieures ; les 2° à 5°
sont courts, subégaux ; la ponctuation est obsolète.

Hanches antérieures séparées par la lame prosternale ; les médianes
sont plus écartées, et les postérieures notablement davantage.

Cuisses assez robustes, subcanaliculées en dessous. *Tibias* presque
linéaires. *Tarses* ayant leurs 2 premiers articles peu allongés, subégaux ; le 3° égale les 2 précédents pris ensemble. *Ongles* simples.

Habitat. Cette espèce remarquable semble préférer les régions
froides de l'Europe, où elle vit sur les bolets amadouviers. Mannerheim
cite des localités de Finlande, Suède, Laponie, Allemagne orientale,

Bavière et Angleterre. Les exemplaires que je possède ont été recueillis en Prusse et en Moravie. Elle paraît très rare en France, néanmoins j'en ai vu des échantillons assez nombreux capturés dans les Hautes-Pyrénées. M. Revelière l'a trouvée en Corse, à Bastelica, sur des hêtres.

Obs. Entre toutes les espèces qui appartiennent au genre *Enicmus*, il n'y en a point qui soit plus facile à reconnaître : la pubescence qui l'orne par places et se montre sérialement hérissée sur les élytres la distingue au premier coup d'œil de toutes ses congénérées.

Genre *Revelieria*, Perris.

Perris, l'Abeille VII, 1869-70, pag. 72.

Etymologie : Genre dédié à M. Revelière.

Caractères. *Corps* largement ovale, très convexe et presque gibbeux. *Tête* en carré allongé, non canaliculée au milieu. *Epistome* déprimé en arc et situé sur un plan inférieur au front. *Antennes* de 11 articles, insérées en dessus aux angles antérieurs du front, terminées par une massue allongée, peu tranchée, de trois articles. *Yeux* latéraux, petits, n'occupant guère plus du tiers latéral de la tête à partir de l'insertion antennaire. *Pronotum* sans côtes ni fossettes sur le disque, transversalement impressionné au-devant de la base. *Ecusson* punctiforme, à peine visible. *Elytres* soudées, offrant chacune environ une douzaine de séries ponctuées avec les intervalles onduleux, extrèmement étroits. *Prósternum* assez large entre les hanches antérieures et se prolongeant après elles. *Propleures* sans fossettes pour loger la massue des antennes au repos. *Mésopleures* plus courtes que les métapleures. *Hanches* antérieures et médianes presque également distantes ; les postérieures beaucoup plus largement séparées. *Abdomen* de 5 segments, dont le 1er égale environ les 3 suivants ; ceux-ci courts, subégaux ; le 5e plus long que le précédent. *Pattes* ordinaires.

Obs. Ce genre est très distinct de tous les autres Lathridiaires par son aspect singulier, dû à la forme largement ovale et gibbeuse de ses élytres qui sont soudées et offrent un système spécial de ponctuation. Cependant, comme j'ai eu l'occasion de le faire remarquer plus haut, sa tête en carré long, ses yeux petits, ses antennes insérées à une certaine distance des yeux, son corselet sans côtes ni fossettes discales, la sculpture et les proportions des diverses parties de la page inférieure accusent une évidente affinité avec les *Cartodere*. Son faciès général le rapproche davantage des *Enicmus* et particulièrement de l'*E. Mannerheimi*, et il forme une excellente transition aux Corticariaires en tête desquels je placerai les *Dasycerus*.

1. **Revelieria Generi** Aubé.

Largement ovale, glabre, noir ou d'un brun noir, mat, avec les parties buccales, les antennes, les pattes et le dernier segment ventral, testacés. Corselet presque carré, à peine aussi long que large, légèrement atténué en devant avec les angles antérieurs obtus et émoussés, très finement crénelé et cilié sur les côtés qui sont subarrondis, couvert sur toute sa surface d'une ponctuation rugueuse assez dense sans fossettes ni côtes sur le disque, transversalement sillonné au-devant de la base. Elytres gibbeuses, en ovale large et court, à peine striées, mais très fortement ponctuées, avec une marge latérale assez large crénelée et ciliée, un peu relevée dans sa moitié antérieure.

Long. : 0ᵐ0015 (2/3 lign.) ; — larg. : 0ᵐ0007 (1/3 lign.)

Lathridius Genei Aubé, Ann. Soc. Ent. Fr. 1850, pag. 333, n. 43.
Revelieria Genei Reitter, Stett. Ent. Zeit. 1875, pag. 339.
Revelieria spectabilis Perris, l'Abeille, 1869-70, pag 12. — Redtenbacher, Fauna Austr., 3ᵉ édit. II, pag. 553.

Corps largement ovale, convexe, glabre, noir ou d'un brun noir, mat, souvent moins obscur sur la tête et le corselet, avec les parties buccales, les antennes, les pattes et le dernier segment ventral testacés.

Tête en carré allongé, moins large que le bord antérieur du corselet, rugueusement ponctuée sur toute sa surface. *Front* sans sillon médian longitudinal, séparé de l'épistome par une légère dépression arquée, qui aboutit de chaque côté à l'insertion des antennes. *Labre* en étroite bande transverse subsinuée en devant, avec les angles antérieurs arrondis et embrassant les côtés de l'épistome (1). *Joues* creusées d'une sorte de scrobe s'étendant de la base des antennes jusqu'au dessous des yeux.

Antennes peu robustes, insérées en dessus à l'angle antérieur du front, courtes, dépassant un peu la moitié du corselet, composées de 11 articles : les 2 premiers très gros (le 2ᵉ toutefois un peu moins), subglobuleux, un peu plus longs que larges, plus épais que ceux de la massue ; les 3ᵉ et suivants presque cylindriques, subégaux, cependant le 4ᵉ paraît légèrement plus allongé que les autres, et le 8ᵉ est un peu plus court que ceux entre lesquels il se trouve ; les 9ᵉ et 10 sont obconiques, à peine plus épais, et forment, avec le 11ᵉ qui est ovale et un peu plus long que le précédent, une massue allongée, peu tranchée.

Yeux arrondis, grossement granulés, assez saillants, mais petits et n'occupant guère plus d'un tiers du bord latéral de la tête, suivis de tempes distinctes, mais courtes et n'égalant pas le diamètre oculaire.

Pronotum presque carré, à peine aussi long que large, subarcué- ment tronqué au sommet avec les angles antérieurs obtus et émoussés, très finement marginé, crénelé et cilié sur les côtés qui sont faible- ment arrondis et un peu plus atténués en devant, coupé droit au milieu de la base, mais faiblement échancré sous les angles postérieurs qui sont droits ; couvert sur toute sa surface d'une ponctuation rugueuse assez dense ; sans fossettes ni côtes sur le disque ; sillonné transver- salement au-devant de la base ; à un certain jour, la marge latérale du corselet paraît longée d'un sillon plus ou moins obsolète, qui se mon- tre creusé plus distinctement aux angles.

Ecusson punctiforme, à peine visible.

Elytres largement et brièvement ovales, gibbeuses, tronquées droit à la base, avec les épaules arrondies et beaucoup plus larges que le bord postérieur du corselet, se dilatant fortement en courbe peu régulière le long du métasternum, environ 2 fois et 1/2 plus lon-

(1) C'est la seule espèce de la branche actuelle chez laquelle j'ai remarqué cette conformation du labre.

gues que le corselet, soudées à la suture qui est légèrement saillante,
arrondies ensemble à l'extrémité et recouvrant en entier l'abdomen ;
elles sont couvertes d'une ponctuation profonde et presque fovéolée
formant sur chacune une douzaine environ de séries onduleuses assez
irrégulières ; la marge latérale des étuis est finement crénelée et
ciliée, un peu relevée en devant avec une gouttière imponctuée,
assez large jusqu'après la moitié de leur longueur ; le repli épipleural,
très large à la base, embrasse la page inférieure, diminue de largeur
avec la courbe des élytres, et se réduit à une tranche étroite vers le
milieu du 5° arceau ventral.

Lame prosternale relativement assez large entre les hauches antérieures, après lesquelles elle se prolonge distinctement.

Mésosternum court, formant entre les hanches médianes une lame
un peu saillante, environ de même largeur que la prosternale.

Métasternum sans sillon longitudinal médian, mais plus ou moins
fortement déprimé sur son milieu, plus allongé que le mésosternum,
mais n'égalant pas le 1er arceau ventral, couvert ainsi que les 2 segments précédents d'une ponctuation très grosse et rugueuse, largement échancré en ligne droite par la saillie intercoxale de l'abdomen
qui sépare les hanches postérieures.

Abdomen de 5 segments : le 1er le plus long, grossièrement ponctué,
un peu déprimé ou même excavé dans son milieu chez le ♂, égalant
environ les 3 arceaux suivants ; ceux-ci courts, subégaux, offrant
chacun sur leur milieu une ligne transversale de très gros points ; le
5° est distinctement plus long que le 4°, et paraît creusé dans son milieu d'une large fossette plus ou moins obsolète, qui est peut-être un
caractère sexuel.

Hanches antérieures et médianes à peu près également distantes ;
les postérieures beaucoup plus largement séparées.

Cuisses assez robustes, canaliculées en dessous. *Tibias* assez grêles,
à peine plus larges au sommet qu'à la base, sensiblement arqués.
Tarses ayant leur 3° article plus long que les 2 précédents réunis ;
ceux-ci allongés, le 2° à peine moins que le 1er. *Ongles* simples.

HABITAT. Cet insecte n'a été rencontré jusqu'ici qu'en Sardaigne et
et en Corse, où il est assez rare. Il vit dans les feuilles desséchées qui
pourrissent aux pieds des buissons de Cistes, et il faut quelquefois

tamiser pendant des heures entières avant d'en trouver un ou deux individus.

Obs. M. Reitter a décrit (Stett. Ent. Zeit. 1875, pag. 339), sous le nom de *R. Heydeni*, une seconde espèce de ce genre si remarquable, dont la découverte est un fait du plus haut intérêt entomologique. Cette nouvelle *Revelieria* habite l'Espagne, où M. L. von Heyden l'a capturée en tamisant des mousses, près du village de Huejar, sur le flanc nord de la Sierra Nevada (route de Grenade, en remontant le cours du Xenil). Sa taille est un peu plus petite (0^{m}0013); elle se distingue très bien de la *Genei* par une pubescence très fine, allongée, blanchâtre, et comme laineuse dont la surface est parsemée ; en outre son corselet est orné sur les côtés, en dedans de la marge latérale, d'une ligne longitudinale un peu élevée ; l'espace compris entre cette ligne et le bord externe est subdéprimé ; les élytres sont courtement ovales, très convexes ; enfin la page inférieure est très grossièrement et densément ponctuée comme chez la *Genei*, seulement les 4 derniers arceaux du ventre offrent sur leur milieu une série transversale de points un peu plus fins.

ADDITIONS ET RECTIFICATIONS

Pendant l'impression de ce travail, j'ai eu connaissance des *Tableaux pour la détermination des coléoptères européens*, publiés par M. Edm. Reitter dans les *Verhandlungen* de la Société impériale et royale de zoologie et botanique de Vienne (années 1879-1880). L'un d'eux comprend la famille des Lathridiens, et vient apporter à l'étude de ce groupe, outre le signalement de plusieurs espèces nouvelles, quelques documents intéressants, soit pour l'habitat géographique et la diffusion des espèces, soit pour les questions de synonymie, que l'auteur a pu élucider par l'examen d'un certain nombre de types de Mannerheim et de Motschulsky, et surtout à l'aide des riches matériaux accumulés dans sa collection. Je profite de ces renseignements divers pour ajouter à mon opuscule les notes suivantes qui sont destinées à le compléter ou à le rectifier.

Tout d'abord je dois éclaircir un point sur lequel je suis en désaccord absolu avec M. Reitter. Mon honorable collègue affirme qu'il faut retrancher de la famille actuelle le genre *Langelandia* d'Aubé, et le ranger parmi les Colydiens. Le seul motif de ce changement serait que chez les insectes de ce genre les tarses sont quadri-articulés (p. 1 du tirage à part). — Or, rien n'est moins exact : je puis le dire avec d'autant plus d'assurance, que je ne me suis pas contenté de mon examen personnel ; mais j'ai tenu à le faire contrôler par plusieurs entomologistes, dont les yeux expérimentés n'ont pu, à l'aide même des meilleures loupes, découvrir que trois articles aux tarses. Et, pour qu'il ne put rester l'ombre d'un doute à cet égard, j'ai soumis au pouvoir grossissant du microscope quelques exem-

plaires de *L. anophthalma* merveilleusement préparés par les soins
habiles de M. Donnadieu, professeur de zoologie à la Faculté catho-
lique des Sciences de Lyon. Aucune trace d'un quatrième article ne
s'est manifestée ; et j'aurais eu peine à m'expliquer comment M. Reitter
avait pu être induit en erreur, si je n'avais subi moi-même un instant
d'illusion, à cause de la position particulière prise par l'une des pattes
de l'insecte : il me semblait en effet apercevoir, assez près de l'insertion du premier article, une ligne transversale qui le séparait en deux.
Mais, en y apportant plus d'attention, et surtout en examinant les
autres pattes dont la position n'était pas identique, j'ai bientôt reconnu
que cette ligne transversale était formée par le bord apical du tibia,
vu par transparence à travers le premier article qui est inséré dans
une sorte d'excavation. Le genre *Langelandia* continue donc d'appartenir par ses tarses tri-articulés à la famille des Lathridiens.

Page 8, ligne 3, *au lieu de :* où les ♀ présentent constamment onze
articles, *lisez :* où les ♀ présentent soit 10, soit 11 articles.

Page 38, ligne 23, *ajoutez :* Dans ses Bestimmungs-Tabellen
(III, pag. 8 du tirage à part), M. Reitter maintient la distinction spécifique des *C. formicaria* et *punctata*, en s'appuyant sur la forme
différente du corselet. Celui-ci aurait sa plus grande largeur à la base
et serait rétréci vers le sommet seulement chez la première, tandis
que, chez la seconde, il aurait sa plus grande largeur au tiers inférieur,
à partir duquel il se rétrécirait très faiblement mais distinctement
vers la base, et plus fortement vers le sommet. Ce caractère, d'ailleurs
peu facile à apprécier, ne serait-il pas plutôt sexuel que spécifique ?

Page 82, ligne 28, *ajoutez :* M. Reitter (Bestimmungs-Tabellen, III,
pag. 7) croit avoir découvert un caractère différentiel, qui permettrait
de reconnaître l'*A. pusillus* avec autant de facilité que de certitude :
la base des élytres offre dans le voisinage des épaules deux petites
dents formées par des émarginations punctiformes, tandis que les
autres espèces du genre ont cette marge basale entière et sans aucun
vestige de denticules. Je n'ai pas en ce moment sous les yeux un assez
grand nombre d'échantillons de l'*A. pusillus* pour pouvoir contrôler
efficacement la valeur de cette indication ; néanmoins, j'ai deux
raisons d'en douter, et il peut être utile de les exposer ici, ne fût-ce

que pour appeler sur ce point l'attention des entomologistes et provoquer des observations qui mettraient en lumière les véritables
différences spécifiques dans ce genre difficile. D'abord, le caractère
précité est-il constant ? Sur deux exemplaires récoltés ensemble, l'un
me parait le posséder, l'autre en est dépourvu. En second lieu, est-il
vraiment propre à l'*A. pusillus*, à l'exclusion des autres espèces ? Ici,
je puis répondre avec plus d'assurance : l'examen d'une grande quantité d'*A. 12-striatus* m'a permis de rencontrer des individus présentant
des émarginations punctiformes à la base des élytres, soit sur les
deux à la fois, soit sur l'une d'elles seulement. Je ne suis pas éloigné
de penser qu'il en doit être ainsi chez toutes les espèces. Rien de plus
variable en effet que l'extension et la profondeur des points rangés
en séries longitudinales sur les étuis, et il est vraisemblable que
l'émargination punctiforme de la marge basale est produite, d'une
façon purement accidentelle, par le développement plus accentué du
premier point de la série. — Mon savant collègue signale en outre,
chez l'*A. pusillus*, la présence de très fines stries longitudinales sur
les côtés de la tête ; mais ce caractère, s'il est constant, a le défaut
pratique de ne pouvoir être constaté qu'à l'aide du microscope et avec
un très fort grossissement.

Je ne connais pas l'espèce nouvelle que M. Reitter décrit brèvement (*loc. cit.*) sous le nom d'*A. Kiensenwetteri* comme ayant été
recueillie en Andalousie. Elle doit ressembler extrêmement au
pusillus ; mais la base des élytres est entière et sans trace de denticules ; la tête est très obsolètement réticulée et n'offre point de stries
longitudinales sur les côtés ; la taille est encore un peu plus petite
(0^m0012 à 0^m0015), et la coloration est d'une nuance très légèrement
différente. Peut-être faudrait-il y rapporter les individus de même
provenance que j'ai signalés (pag. 82) comme existant dans la collection de M. Revelière. Toutefois, est-ce là une espèce réellement
distincte du *pusillus ?*

Page 83, ligne 10, *ajoutez :* D'après M. Reitter, il existerait également dans le midi de la France.

Page 95, ligne 21, *après ces mots :* Tarses ayant leurs 2 premiers
articles très courts, subégaux, *ajoutez :* cependant, lorsqu'on les
examine au microscope, on constate que le 1er est distinctement plus

allongé que le 2ᵉ, parce qu'alors le tarse est visible jusqu'à son point d'attache avec le tibia.

Page 101, ligne 30, au lieu de : *Bonvorloiria*, lisez : *Bonvouloiria*.

Page 105, ligne 1, au lieu de : *Ragusæ*, lisez : *obesus*.

—   avant la ligne 15, intercalez : *Metophthalmus obesus*, Reitter, Bestimmungs-Tabellen, III, pag. 11.

—   ligne 15, au lieu de : *Rugusæ*, lisez : *Ragusæ*.

Page 107, ligne 32, *ajoutez :* La description qui précède a été rédigée d'après des exemplaires recueillis en Corse par M. E. Revelière ; quelques-uns avaient été nommés par M. Reitter lui même, qui avait cru y reconnaître son *M. Ragusæ.* Mais, dans ses Bestimmungs-Tabellen (III, pag. 11), l'auteur déclare réserver ce nom aux échantillons provenant de Sicile. Ceux-ci se distinguent en effet par leur taille un peu plus petite (0ᵐ0008), par leur corselet seulement 1 fois et 1/2 aussi large que long, et par la sculpture des élytres, dont la suture n'est point relevée en côte, le 2ᵉ intervalle des séries ponctuées est un peu costiforme, et les deux autres côtes sont à peine distinctes. — Les exemplaires de Corse doivent donc être considérés comme une espèce nouvelle, et M. Reitter les désigne sous le nom de *M. obesus.* Quoique ressemblant à s'y méprendre au *M. Ragusæ*, on les reconnaîtra surtout à leur suture élytrale nettement costiforme et aux 3 côtes également distinctes qu'ils offrent sur chaque étui ; en outre, leur taille est d'ordinaire un peu plus grande, et leur corselet proportionnellement plus large, puisqu'il est presque deux fois aussi large que long dans son milieu.

Page 141, après la dernière ligne, ajoutez en synonymie :

Lathridius nervosus Mannerheim, loc. cit. pag. 79, n. 14.
Lathridius carinulatus Mannerheim, loc. cit. pag. 81, n. 16.

Page 144, ligne 4, *ajoutez :* Il est vraisemblable que les *L. nervosus* et *carinulatus*, de Sibérie, ne constituent que des variétés de cette même espèce ou de la précédente ; car on ne trouve dans leurs descriptions aucun caractère qui ait assez de valeur pour légitimer leur séparation.

Dans les pages qui précèdent, j'ai maintenu la distinction spécifique des *L. constrictus* et *carinatus*, en me basant principalement sur la différence de largeur que présente la lame prosternale. Mais, ayant eu depuis sous les yeux de plus riches matériaux, ma conviction première a été singulièrement ébranlée par l'excessive difficulté que j'ai plus d'une fois éprouvée à rattacher mes échantillons à l'une ou à l'autre de ces deux formes. J'incline donc à penser, malgré l'autorité de M. Thomson, qu'il s'agit encore ici d'une espèce unique, dont l'extrême variabilité a donné lieu à un grand nombre de descriptions et dénominations diverses. Il faut lui réserver le nom de *constrictus* qui est plus ancien, et faire des autres une longue liste synonymique.

Page 151, ligne 20, *ajoutez :* Dans ses *Bestimmungs-Tabellen* (III, p. 16), M. Reitter déclare que, malgré le silence d'Aubé et de Motschulsky, la pubescence doit exister également chez la *C. elegans.* Il rapporte à cette espèce un insecte provenant de Belgique, auquel, sauf la présence d'une très fine villosité et le corselet un peu plus court, la description d'Aubé s'applique parfaitement. Les caractères principaux destinés à compléter la diagnose de la *C. elegans* seraient : 1° la structure des antennes, dont le 2° article est petit, arrondi, les 4° et 5° articles sont allongés et presque deux fois aussi longs que larges ; — 2° la présence, sur le disque du corselet, d'un canal médian obsolète.

Page 161, ligne 18, *ajoutez :* C'est peut-être sur des individus semblables, recueillis à Berlin, par M. Reitter a fondé l'espèce qu'il décrit de la manière suivante sous le nom de

CARTODERE SCHUPPELI, Reitter.

« *Minutissima, lineari-elongata, depressa, glabra, rufo-testacea, capite thorace parum angustiore, magno, triangulari, antennis brevibus, articulis 3-10 transversis, clava triarticulata, thorace transversim cordato, ante basin profunde transversim impresso, dorso ante medium foveolato, elytris thorace haud latioribus, parallelis, crebre punctato-striatis, sutura parum elevata.* Long. $0^{mm}7$-$0^{mm}8$. » (*Bestimmungs-Tabellen*, III, pag. 17).

Deux fois plus petite que les *C. filum* et *filiformis*, elle se distingue très bien de la première par sa massue antennaire tri-articulée, et de la seconde par les articles des antennes plus transversaux, par la présence d'une fossette médiane sur la partie antérieure du pronotum, et par ses élytres plus longues et parallèles.

Page 180, ligne 16, *ajoutez :* Des renseignements dignes de foi me permettent d'ajouter qu'elle possède une aire de diffusion plus vaste encore, et je ne serais pas surpris qu'elle fût absolument cosmopolite.

Page 186, ligne 34, *ajoutez :* A cette liste synonymique, il faut adjoindre le *Lathr. gemellatus* Mannerheim (in Germ. Zeitschr. V, pag. 100, n. 39). La description me paraissait laisser peu de doutes sur son identité avec l'*E. minutus*, dont l'extrême variabilité s'explique par l'étendue de son habitat dans le monde entier. Néanmoins, à raison de la place que l'auteur lui avait assignée entre le *consimilis* et le *parallelocollis*, j'avais cru plus sage d'attendre que l'examen d'un type authentique produisit une certitude complète. Ce désir est aujourd'hui réalisé : en effet, après avoir examiné le type du *gemellatus*, M. Reitter adopte cette synonymie, que je suis heureux de voir ainsi confirmée.

Page 190, ligne 24, *ajoutez :* Bien que la description de Mannerheim ait attribué au corselet du *L. parallelocollis* des angles postérieurs arrondis, il me paraissait difficile de le considérer comme spécifiquement distinct de l'*E. consimilis*. Aussi je n'ai pas hésité à le mettre en synonymie, manière de voir aujourd'hui confirmée par l'inspection des types. (Voir Reitter, *Bestimmungs-Tabellen* III, pag. 14).

TABLE MÉTHODIQUE

TABLE DES MATIÈRES

GENRES, SOUS-GENRES ET ESPÈCES